Agresti

FIRENZE 1949

坚固的安全屋

家中安全的核心

U0388340

米兰
伦敦
莫斯科
上海

24

86

IFDM
室内家具设计

年份 **YEAR IV**

01

春/夏 Spring | Summer

出版商 PUBLISHER
Paolo Bleve
bleve@ifdm.it

主编 EDITOR-IN-CHIEF
Johannes Neubacher
johannes@ifdm.design

出版协调 PUBLISHING COORDINATOR
Matteo De Bartolomeis
matteo@ifdm.it

总编辑 MANAGING EDITOR
Veronica Orsi
orsi@ifdm.it

项目经理
PROJECT AND FEATURE MANAGER
Alessandra Bergamini
contract@ifdm.it

合作商 COLLABORATORS
Silvia Airoldi, Manuela Di Mari,
Agatha Kari, Francisco Marea,
Antonella Mazzola, Naki,
Petra Ruta, Tara

国际投稿
INTERNATIONAL CONTRIBUTORS
纽约 New York
Anna Casotti

洛杉矶 Los Angeles
Jessica Ritz

公关经理&市场经理
PR & MARKETING MANAGER
Marta Ballabio
marketing@ifdm.it

设计部 GRAPHIC DEPARTMENT
Sara Battistutta, Marco Parisi
grafica@ifdm.it

网络部 WEB DEPARTMENT
web@ifdm.it

翻译 TRANSLATIONS
Cesanamedia - Shanghai
Trans-Edit Group - Italy

广告 ADVERTISING
Marble/ADV
Tel. +39 0362 551455 - info@ifdm.it

版权与出版商 OWNER AND PUBLISHER
Marble srl

总部 HEAD OFFICE & ADMINISTRATION
Via Milano, 39 - 20821 - Meda, Italy
Tel. +39 0362 551455 - www.ifdm.design

蒙扎法院授权 213号 2018.1.16

ph. Andrea Ferrari

MADE IN ITALY

保持联系
Let's keep in touch!

ifdmdesign

140

IFDM
室内家具设计

年份 YEAR IV

01

春/夏 Spring | Summer

图书在版编目（CIP）数据

室内家具设计：工程与酒店：珍藏版.2019春/夏 / IFDM杂志社编；李婵译. — 沈阳：辽宁科学技术出版社, 2019.4
ISBN 978-7-5591-1125-8

Ⅰ.①室… Ⅱ.①I…②李… Ⅲ.①居室- 家具-设计 Ⅳ.①TS664.01

中国版本图书馆CIP数据核字(2019)第051555号

出版发行：辽宁科学技术出版社
（地址：沈阳市和平区十一纬路25 号 邮编：110003）
印 刷 者：北京联合互通彩色印刷有限公司
经 销 者：各地新华书店
幅面尺寸：225mm×260mm
印 张：13
插 页：4
字 数：300 千字
出版时间：2019 年 4 月第1版
印刷时间：2019 年 4 月第1次印刷
责任编辑：杜丙旭 关木子
封面设计：关木子
版式设计：关木子
责任校对：周 文
书 号：ISBN 978-7-5591-1125-8
定 价：128.00 元
联系电话：024-23280070
邮购热线：024-23284502
E-mail: Orange_designmedia@163.com
http://www.lnkj.com.cn

Ph. Giovanni Gastel
EXTRASOFT, FLOYD TABLE, ILE TABLE.
WWW.LIVINGDIVANI.IT
50
SINCE 1969
LIVING
DIVANI

混凝土美学

这本中国地区杂志只是第二期，却已成为值得收藏的书。当IFDM于2018年9月在使用汉语的亚洲市场推出第一册藏书后，立即获得空前成功——在"设计中国北京"展会上，该书在数分钟内已迅速售罄，IFDM在参与11月的米兰国际家具上海展推出该书时，亦同样取得佳绩。

一个近14亿人口，并被标签为"'微信女儿'和对家具科技有独到的偏好"（可能此分析有点儿浅薄）的国家，已对这本中国地区杂志的美学价值和内容颁发奖项。作为不断追求美丽和对西方设计有着敏锐触觉的中国人民，对这本由IFDM出版的杂志不可能无动于衷。

将室内设计和建筑学之间完美结合，IFDM精心挑选的作品在不同的风格之间流露着和谐感，最能代表目前的工程设计领域和放眼于未来的发展，这些奇妙的设计(独特的照片将唯美风格展露无遗)将展示于总共有200页的内文之间，它们是一个设计工具，亦是一份拥有具备独特风格的作品的完美清单。

IFDM每年收到超过2000个设计项目，并从中选出25个项目刊登于每一期杂志，吸引了无数业界人士(建筑师、室内设计师、发展商和投资者)的关注，让他们对业界作品有深入的了解，另外亦会在每一册杂志选出3个最具代表性和重要性的设计项目。

每一期的杂志都在不断提升水准，全球的设计业界人士都很欣赏本杂志采用的风格和严谨的选择性，第一期中国地区杂志是亚洲峰会的金牌合作伙伴，我们为MIPIM房地产领袖峰会提供香港版杂志，而最新一期杂志已在两个月前于北京首度出版。

这一期杂志亦遵照《工程与酒店》的准则——具备优良品质和独特性，并着重带来惊喜，因为IFDM创造的奇妙设计世界旨在能第一时间吸引读者的眼球，让他们叹为观止。

祝阅读愉快。

PAOLO BLEVE
出版商 Publisher

HOME PHILOSOPHY
visionnaire
"意"味十足，执念如初的梦想家

Bastian livingroom design Mauro Lipparini

重新思考设计

整一百年前的1919年，柏林建筑师沃尔特·格罗皮乌斯（Walter Gropius）创立了包豪斯（Bauhaus）。包豪斯的概念是通过工艺、生活和艺术的结合，发展出一个新的、更加人性化的社会的科学实验室。很快包豪斯成为国际先锋潮流的中心，很快有像保罗·克利（Paul Klee）、瓦西里·康定斯基（Wassily Kandinsky）或莱昂内尔·法宁格（Lyonel Feininger）这样的艺术家们加入该机构的导师阵营。通过"形式跟随功能"的公式，格罗皮乌斯变成了一个革命者。包豪斯产品采用简单朴实的形式，如果我们看看当前的设计和建筑趋势，我们就会意识到包豪斯的理念仍然蓬勃发展。

多年过去了，设计已经成为一种基本物资，可以销售的东西，并且有明确的商业化目的，我们却可以看到一个新的趋势：就像在包豪斯时代，设计已经变得更加关于想法和理想。创造社会影响，改变我们生活的想法，正如您在我们为当前书籍选择的许多项目中所看到的那样。

2019年也是IFDM重要的一年，因为我们很高兴能够发布我们的第二本书。我们的第一本《IFDM工程和酒店》中文版去年9月于设计中国北京展会期间成功上市以及在微信上推出中文社交媒体账户之后，新书将为您带来最新和最有代表性的项目。我们的编辑团队精心在全球范围内选择了最能反映新设计理念，设计和社会趋势的项目。

祝大家享受愉快而丰富的阅读乐趣！

JOHANNES NEUBACHER
主编 Editor-in-Chief

"空间布局是源自这样的理念：将尽可能小的部分放在一楼。对应的是舞台区和主厅的阶梯看台。建筑外表皮采用ETFE材料，整个西侧视角，从北到南，很远就可以看到这栋建筑。"

"无界线"的概念，旨在通过让游客融入艺术并成为艺术的一部分，打破"艺术与游客""自己与他人"之间的界线。

An intimate look.

LUCIEN SOFA
design Stefano Gaggero

RIVIERA SIDE TABLES
DRAGONFLY ARMCHAIRS
EATON OTTOMAN
MARMADUKE COFFEE TABLE
design Roberto Lazzeroni

区域经销商拓展经理
Antonio Tien Loi
电话 +65 91865033
info@tienloi.it

www.flexform.it

FLEXFORM | MADE IN ITALY

THE ITALIAN
SENSE
OF BEAUTY

KOMMA

KITCHENS, LIVING AND BATHROOMS

SCAVOLINI™

色彩——现在与未来

专家级配色设计师朱迪思·范弗利特（**Judith van Vliet**）揭示了2020年的色彩趋势，剖析的视角始于社会及其创新

今天的社会，在即将进入第二个千禧年的第二个十年之际，充满了鲜明的对比。技术层面上，从互联网的"超连接"到日常活动中无处不在的数字科技，与之相反的是人类不断寻求的内在层面——对保护人类健康和地球环境健康的日益增长的需求。这就是色彩工作室（**ColorWorks®**）提出的关于未来色彩趋势的第一条广义上的定义。这是一家来自意大利梅拉泰的色彩技术与设计工作室，其主要目标是创建一个名为"色彩前景"（**ColorForward®**）的"颜色预测指南"，将色彩进行分组搭配，确定下一年的流行配色。这里的色彩研究包罗万象：变化、创新、发展、运动，由工作室的四个分支机构（分别位于圣保罗、芝加哥、梅拉泰和新加坡）的国际色彩专家进行敏锐的信息捕捉和深入的分析探索。他们将这些配色分为四个主题或"故事"。每个"故事"由五种颜色组成，总共有二十种颜色，这些颜色便是下一年的"色彩前景"。下面的这些"色彩故事"，正是源自于他们一年时间里全球范围内的色彩研究，预测了2020年的色彩趋势。2020年的色彩摒弃了平庸的中性色，偏爱强烈、活泼、清新的色调，代表了社会矛盾性的本质，及其随后对平衡的追求，它与2019年的色彩前景有着许多共同之处，通过更干净、更活泼的色调，体现出一种更强烈的积极的、勇往直前的感觉。"漠不关心"这个主题的中心是人，人类对当前恶性事件和全球灾难的同情心受到了质疑。这是人的维度。与之相对的是"基因进化"主题，涉及生物化学以及科技新发展可能带来的基因突变问题。另外一个关注点是数字技术。数字技术在我们的日常生活中已经占据主导地位，可以说是侵略性的，无所不在，甚至已经成为我们日常工作考核的必备要件。社会似乎"卡"在了这项技术的进步上，而未来派的公司正准备打破时空界限，试图征服宇宙。这分别是"眼中的我"和"马上就到"两个主题的内容。朱迪思·范弗利特，来自色彩工作室的配色设计师，也是"色彩预测"团队的领导者，带领我们认识了这些主题和配色（分两期刊登在《跨学科电影与数字媒体》（IFDM）杂志中）。以下将介绍前两个"故事"。

作者 Author: Veronica Orsi

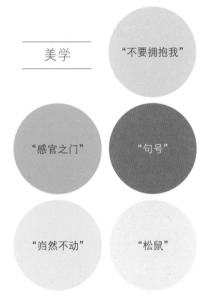

美学

"不要拥抱我"

"感官之门"

"句号"

"岿然不动"

"松鼠"

第一期 FIRST STORY.

淡漠之丘（CARE-LESS）

恐怖袭击、飞机坠毁、汽车事故、自然灾害、内战、政治丑闻……这些事件在多大程度上仍能触动我们内心的情感内核？这个问题的答案就在故事的标题中。我们关心，但心已冷漠。尤其是跟过去相比。过去，基地组织的袭击震惊了我们，气候变化吓坏了我们，我们还没有每天受到负面信息的轰炸。今天，负面信息让我们在发生这种悲剧时免疫了，不那么敏感了。从数量上来说，关心也更少了，出现了一种"选择性同情"现象：我们将周围每天发生的事件进行过滤，只选择其中一部分来给予情感上的反馈，这是一种保护自身心理健康的本能。慈善组织Help One Now创始人、《做好事很简单——就在现在，做出改变》(Doing Good is Simple: Making a Difference Right Where You Are) 一书的作者克里斯·马洛 (Chris Marlow) 曾经谈到"同情心疲劳"。苏

塞克斯大学（University of Sussex）的一项研究表明，网络媒体能够消极地将我们的情绪转变为焦虑和悲伤。因此，用冷漠来调节我们的情绪是一种健康的反应，可以用仙人掌的形象来直观地阐释，仙人掌的刺使每个人保持适当的距离。这个问题的解决办法来自耶鲁大学开设的"心理学与美好生活"课程（耶鲁300年历史上最受欢迎的课程），教学生如何更好、更快乐地生活。免费在线课程推出后，两天内就有9万人注册！同一时期，在世界的另一边，印度也提出了"教人幸福"的概念。这个概念驱动下成立的第一所学校，河湾小学（Riverbend School），将于2020年底在金奈竣工，其使命是在教授技能和知识之前，先教孩子如何快乐和富有同情心。因此，在河湾小学，没有传统的课程和科目，而是鼓励艺术、冥想和运动，甚至学校的建筑也将按照这一理念进行设计。事实上，根据哈佛大学的一项研究，这所学校再现了"城市村庄"的概念，鼓励与朋友和家人建立牢固的关系，认为这样有助于我们过上更幸福的生活。呈现在色彩上，这一趋势对应的是强烈的焦点色，用浅薄荷绿加以柔化，这种绿被命名为"不要拥抱我"(Hug Me Not)，也就是仙人掌的颜色。"选择性同情"的概念用透明的浅红色来代表，名为"感官之门"（Sensorial Gate），象征着我们的大脑在被负面新闻饱和之前选择信息的过程，饱和后则用强烈的绿色来表示，名为"句号"（Full.Stop）。亮黄色"岿然不动"（Unshockable）一直是一种警告的颜色，2020年将失去吸引力，就像我们失去对当前恶性事件感到惊讶的能力一样，最终变得无动于衷。最后，还有冰蓝色"松鼠"（SQUIRREL）！

第二期 SECOND STORY.
马上到！(BE RIGHT THERE)

现在，让我们离开日常生活，将自己投射到一个更具未来感的维度。这个故事代表了人类超越已知空间和速度极限的内在愿望，由于科学技术的新发展，这一愿望将在明年取得里程碑式的重要成果。事实上，2020年，第一个"超级高铁"（hyperloop）——一辆能够在低压隧道中以每小时1200千米的速度运行的磁悬浮列车——将推向市场。同样即将到来的是由伊隆·马斯克（Elon Musk）构想的"超级高铁"，将在洛杉矶和旧金山之间运行。如果说时间的障碍似乎正在被打破，那么空间的障

碍更是如此，在人类重新燃起征服宇宙的热情之后。然而，这不再是最强大的国家在竞争，而是私人公司在寻求让太空旅行更便宜，更方便，促进"太空旅游"的发展。领导这一运动的是"维珍银河"（Virgin Galactic），由维珍所有者理查德·布兰森（Richard Branson）创建，他这样做的动力是渴望把游客带到太空中旅游；还有亚马逊创始人杰夫·贝佐斯（Jeff Bezos）创建的"蓝色起源"（Blue Origin）——他们坚持更极端的信念，认为人类必须占领多颗行星才能生存，而地球是其中用于居住的一颗，宇宙以及其他行星则用于生产制造。最后，还有伊隆·马斯克的"X空间"（Spacex）。马斯克一直对火星感兴趣，"X空间"的最新成就是火箭助推器的回收。不用等太久，就可以在欧洲航天局的"空客A310 Zero-G"中尝试航空体验，这架空客以抛物线飞行的方式模拟了宇航员在国际空间站中体验到的微重力。这种"太空竞赛"提出了以下问题："太空属于谁？""谁对这些太空探索产生的轨道垃圾负责？"据估计，现在有约29000块直径超过10厘米的碎片以每小时28000千米的速度绕地球轨道运行，对未来所有进入太空的旅行构成危险。荷兰艺术家达安·罗塞加德（Daan Roosegarde）与欧洲航天局合作，创造了一个名为"太空垃圾实验室"的装置，表现的就是这个主题。使用LED灯泡，照亮"天空"，实时跟踪碎片路径。橙色以一种"充满活力"的色调重回我们的视野（去年是一种"燃烧"的色调），让人想起太空火箭发射，名字就叫"发射"（Blast-off）。还有无处不在的深蓝色，宁静致远，叫做"发现你的卡门"（Find your Karman），这是对"卡门线"（Kármán line）的一种致敬——"卡门线"在海平面以上100千米的高度，代表着地球大气层和外太空之间的边界。此外，还有太空垃圾，在色彩上用无烟煤灰色来代表，名为"垃圾区"（The Junky Zone）。这种灰与一种合成绿并列，即"天堂绿"（Paradise This），就像杰夫·贝佐斯将地球变成一个新"天堂"的想法一样富有远见。最后，是银丁香色，"嗖嗖的通勤者"（The Swooossh Commuter），显然是科技色，直指即将到来的"超级高铁"，提醒我们未来比我们想象的更近。

"发射"

美学

"发现你的卡门"

"垃圾区"

"天堂绿"

"嗖嗖的通勤者"

形式遵循想象
建筑讲述故事

中国人认识奥雷·舍人（Ole Scheeren），大多是从中央电视台新总部大楼开始。当这座外观奇特的建筑矗立于北京东三环旁边时，在当时颠覆了许多人对建筑的认知。从北京中央电视台总部到曼谷最高的建筑MahaNakhon，以及新加坡的Interlace公寓、越南的Empire City，奥雷·舍人喜欢挑战人们对摩天大楼的固有认知，他的作品带着一贯对建筑理念的诠释，"在我的作品中，形式遵循想象。"从德国Karlsruhe学习建筑开始，奥雷·舍人便展示了自己在建筑领域的天赋。作为荷兰建筑师Rem Koolhaas的拥趸，1995年他来到OMA位于鹿特丹的工作室，寻找工作机会，在帮助工作室在设计大赛中获胜之后，他顺利地留下来了。在此期间，他加入伦敦建筑协会（London Architectural Association）并获得负有盛名的RIBA银质奖章。之后他回到Koolhaas的工作室，参与Prada在纽约和洛杉矶旗舰店项目。经过了7年，他成为OMA大都会建筑事务所合伙人，直到2010年，奥雷开始了自己的尝试，成立了以自己的名字命名的Buro Ole Scheeren事务所。

作者: *Naki*
肖像图片: *Iwan Baan*
项目图片: *Iwan Baan, Alexander Roan*

嘉德艺术中心 | 北京

如何理解你坚持的"形式遵循想象"？

当我开始设计一幢大楼的时候，我想到的是其后发生的故事，这些故事可能发生在其中，可能发生在它周围。我会想到这幢大楼在城市中扮演的角色，以及它给人们留下的回忆。人们在其中生活、工作，相互影响，他们将会以怎样的方式关联。其实所有好的建筑，都能讲述故事。

如何面对人们对自己作品的争议？

我从不相信有什么固定模式的建筑，也不认为同一种建筑语言可以适用于世界的任何地方。所有的建筑其实都不是一样的，不同的需求要求不同的答案。我感兴趣的是如何打破摩天大楼之间的惰性和枯燥，揭示这些建筑里面人的生活，展示一种高密度的都市生活方式。我希望让这些建筑发声，为生活在其中的人为此而感到骄傲。

为什么会喜欢建筑？

我的父亲是建筑师。我在少年时期对空间的概念有了自己认识，空间是我们生活中有意义的构成部分。我的父亲教给了我很多，从他身上，我觉得最重要的还是让我知道，必须找到自己的路。我的父亲给了我寻找的自由。

如何确保这些充满想象的建筑项目落地？

对我而言，最重要的是将我的想法转化为现实，只有这样才能起到真正的影响。比如在做中央电视台新总部这个项目的时候，我会时刻让我的团队意识到项目的规模和体量，从而培养他们的责任感，哪怕采用一些极端的方法。在中央电视新总部这个项目过程中，我曾让我们的团队削了10000根小木棍贴在模型上，代表将来使用这个项目的人员。这其中耗费的体力工作让他们了解100人与10000人之间的区别，以及其中的重要意义。

关于你在中国的最新项目嘉德艺术中心，对你来说有什么挑战？

嘉德艺术中心，兼具拍卖和文化机构两种功能，其中包含博物馆、会议设施、餐厅、酒店，距离北京故宫咫尺之遥。这个位置极具历史意义，非常敏感，也是中国传统文化保护重地。对于很多人来说，在这个位置，不太可能修建一个楼。在我们赢得这个项目之前，过往15年来许多事务所提交了30个建筑方案，但是均被北京规划和保护委员会认为不合适。对于我们来说，唯一的问题就是如何在这样一个历史文化胜地里融入当代的建筑，让过去和未来在一个结构共存。2012年，官方同意了我们的方案。整个建筑由一系列成蜂巢状的石头空间层叠而成，与附近的胡同、四合院形成呼应。我首先构想了场地上许多小尺度体量堆叠而成的低层文化区域，他们与周边的胡同区域非常和谐，形成了两者之间的过渡。而对于另一边的现代城市环境，我在建筑之上增加了一个飘浮着的大体量，呼应了现代城市以及街道的尺度，清晰地表达了朝向城市商业街王府井的入口。

DUO双景坊 | 新加坡

你的设计项目遍布世界各地，在亚洲和欧洲，有什么不同？

在亚洲，我们要做的基本上创造一些新的东西；而在欧洲，已经有了许多相当新的建筑，最关键的挑战就是如何处理好新建筑与现存建筑的关系。现在正是欧洲为未来建筑磨合的时机，而在亚洲，随着城镇化和现代化的不断深入，前所未有的规模和日新月异的速度将成为最大的挑战。我在欧洲的第一个项目是法兰克福的Riverpark Tower，在美洲，温哥华的新项目正在开始。在此时，我们很高兴同时参与到不同地方的项目中，我在亚洲、美洲、欧洲都生活过，我们从当地人身上学到很多东西。在项目所在地居住一段时间非常重要，可以从身到心地了解当地的情况，只有了解当地人的日常生活，我们才能为他们修建大楼。

通过你的项目，你想传递怎样的思想？

实际上，我们的城市和整个建筑环境，大部分都受到私有资本的影响，这也是商业运作体系的一部分，而对于公众或者城市的责任感则相对弱化，这使得我们必须找到某些方式，即便是私有资本的项目，也必须增强公共空间的意识。通过我们所有的项目，我们希望能够建立一种价值体系，来证明既提高公众意识也能取得经济效益。我设计的作品从来不是孤立的，这些建筑必须跟周围产生联系，它将成为城市的积极构成。在新加坡的双景坊项目中，两座塔楼通过一个广场相联系，我希望这是一个24小时对公众开放的广场，而不是一个封闭的社区。这体现的是一种对城市的责任感，展示了建筑如何在差异巨大且格局破碎的城市中发挥其调和作用。这个项目修复了城市中一个碎片，将公共生活质量视作一个负责任的城市环境的核心所在。

央视大楼 | 北京

如何看待未来的发展？

我将继续探寻极度密集和超大规模的项目，探讨全新的建筑类型。我们过去所知的基础类型将注定会面对转型，我们要再次思考，未来需要什么。我始终坚持相信，这些空间里的结构能够带来我们生活的精确和次序。在这些空间中，许多故事将要发生。我的所有项目都是探索性的设计工具，我将继续想象，在建筑里可以为人们带来的自由，建筑的形式将遵循我的想象。

MahaNakhon像素大厦 | 曼谷

"建筑设计是想象中的一个混合叙事的矩阵，构建未来世界现实。"
——奥雷·舍人 (*Ole Scheeren*)

翠城新景 | 新加坡

记忆·使命

非比寻常，独一无二，不可思议。再多形容词的叠加都不足以定义这座历史悠久的巴黎风情酒店——无论是在人文层面还是建筑层面上。时隔四年，经过彻底改造式的装修后，鲁蒂亚酒店（**Hotel Lutetia**）重新开放，再次闪耀来袭。建筑师让-米歇尔·威尔莫特（Jean-Michel Wilmotte）殿堂级的设计，再加上佩罗+理查德工作室（**Studio Perrot&Richard**）倾情加盟，还有若干意大利顶级家具品牌的锦上添花，让这家酒店大放异彩

巴黎鲁蒂亚酒店坐落在左岸地区的圣日尔曼德佩区（St.Germain-des-Prés）拉施佩尔大道45号（Boulevard Raspail），已经有100多年的历史了。它代表了一段用建筑书写的记忆，是从新艺术风格（Art Nouveau）到装饰艺术风格（ArtDéco）演变的一个完美范例。建筑外立面起伏有致，室内大量使用粉饰灰泥和壁画。它是一本由文化和艺术界的伟大人物写就的回忆录，无数名人曾在这里留下他们的痕迹：乔伊斯、贝克特、海明威、毕加索、戴高乐将军、谷克多、萨特、约瑟芬·贝克（有一间套房是专门留给他的）以及其他许许多多的人物，在这里留下了不可磨灭的痕迹，共同锻造了这个地方的灵魂。它也是一种传统和历史遗产，多年来从未中断过作为一个款待来客、迎来送往之地的功能。鲁蒂亚酒店的建设始于1910年布西卡特家族的要求。布西卡特家族（Boucicaut Family）是巴黎第一家百货公司乐蓬马歇百货（Le

Bon Marchè）的创始人。酒店建在百货公司旁，这样来自巴黎以外的富裕顾客可以住在他们渴望拥有的宝贝旁边。20世纪60年代和70年代酒店曾有过多次装修改造，同时也接待了大量近代的艺术家，比如时装设计师伊夫·圣罗兰（Yves Saint-Laurent），以及许多电影和音乐明星。现在，是时候让鲁蒂亚酒店的历史沉淀增加新的一层了。这一层建立在当代。鲁蒂亚酒店于2018年7月12日由以色列房地产开发公司阿尔罗夫集团（Alrov）旗下的立鼎世酒店（The Set Hotels）购买，经过四年多的整修，耗资2亿欧元，现已重新开业。法国建筑师让-米歇尔·威尔莫特与佩罗+理查德工作室合作完成了酒店的设计。值得一提的是，威尔莫特曾主持过多个知名项目的改建，如卢浮宫和阿姆斯特丹的里杰克斯博物馆（Rijksmuseum）。佩罗+理查德工作室尤其留意保护酒店内大量名人留下的痕迹。改造工作进行得谨慎小心，无论是建筑外部还是室内，取得的效果却令人惊

喜——我们看到的改造后的酒店既保守，又创新。第一个重大挑战是技术现代化。改造具有如此重要意义的历史建筑面临很多限制条件。在这样的情况下，设计成功集成了技术系统、安全系统、空调、家居自动化和必要的隔音设计（包括针对相邻的拉施佩尔大道的隔音以及酒店房间之间的隔音）。另一个实质性的变化是房间面积的扩大，以便让住客能有更舒适的享受。比较一下客房数量的变化就能看出来——从233间变为184间，再加上7间定位为迷你公寓的套房。此外，从增加室内天井也可以看出来，用户外空间取代了历史悠久的沙龙——一个面积700平方米的水疗区，以及各种各样的公共休闲娱乐区域。每个小环境的共同点是自然采光，这是威尔莫特和这个项目本身的基础条件所强烈要求的。改造设计能够实现非凡的

多功能性，也要归功于若干意大利顶级家具品牌的巨大贡献，他们为酒店开发了许多专门的定制家具。每一个小环境，无论是公共区域还是私人空间，每件家具都是根据威尔莫特的设计量身定做的，在风格和技术上满足客户精确的要求。定制家具涵盖各种类型，这得益于跟每个品牌有不同的专门的承包合同，比如跟Lema家具的合同，要求Lema为175间客房和约瑟芬·贝克套房提供一站式的家具供应，包括地板、天花板覆层、墙壁和弓形窗的木镶板、门（使用珍贵木材，玻璃，并用金色装饰）、护壁板、橱柜（使用最高级的立体装饰工艺）。跟Poliform的合同就不一样。Poliform负责所有公共区域，要求是在不改变原有建筑的魅力和历史价值的前提下，让环境焕然一

新。再比如Porro家具，室内和室外都有涉及，几乎触及酒店的每个区域，最引人注目的是皮革顶面的精致桌子，与天花板上的壁画相得益彰；还有天井中的拉萨大理石桌。再比如Paolo Castelli家具，负责康乐水疗区和5间套房，涉及建筑、技术安装、覆层材料、地面和配件（每间套房有各自的配置设计理念）；此外还负责为所有公共区域和上述套房提供特殊家具和装饰性照明。所有浴室采用白色卡拉拉大理石，上面的灰色纹理与CEA水龙头的不锈钢材质相呼应，这种水龙头是CEA为鲁蒂亚酒店专门设计的，技术与创新并重，诠释了现代化的古典主义。巴黎第六区，一段历史正在续写，从建筑到室内设计与配置，从美食到服务，都更上一层。但历史的精神仍然保持不变。

所有者 Owner: Alrov
酒店运营商 Hotel operator: The Set Hotels
建筑设计/室内设计 Architecture & Interior design:
W&A Wilmotte & Associés Architectes,
Perrot & Richard
装饰 Furnishings: Lema Contract, Paolo Castelli
Divisione Contract, Poliform Contract,
Poltrona Frau, Porro Contract
浴室 Bathrooms: Cea Design
技术设备 Technology: Creston, Bang & Olufsen
技术系统/地面/墙面 Systems, Floor and surfaces:
Paolo Castelli S.p.A Divisione Contract
织物 Fabrics: Hermès
· · · · · · · ·
作者 Author: Manuela Di Mari
图片版权 Photo credits: David Esser,
Mathieu Fiol, Amit Geron

俯瞰高线公园的曲线住宅

28街520号西豪华公寓（**520 West 28th Street**）位于纽约西切尔西区，是已故知名女建筑师扎哈·哈迪德（Zaha Hadid）在纽约的第一个、也是唯一一个住宅类设计。从建筑的外观到室内的设计，这个作品都完美地体现了扎哈的"流体设计"

28街520号西豪华公寓由Related Companies地产公司委托建造，是扎哈·哈迪德建筑师事务所在纽约的第一个项目。建筑似乎是从高线公园引人瞩目的美景中"冒"出来的。高线公园（High Line）是纽约的一个大型重点开发项目，贯穿西切尔西区，绵延2.3千米，包含"西线"铁路——一条建于20世纪30年代的高架铁路。在这样的背景下，这栋豪华公寓显得尤为醒目，以流畅的曲线造型为特色，外立面上巨大的开窗与建筑本身的造型相呼应。同时，整个建筑独特的"L"造型，使其能够紧密地融合进周围的摩天大楼之间。建筑的外部结构呈现出未来主义风格，材料采用玻璃和钢，呼应该地区的工业历史。曲线结构纵贯建筑全部的11个楼层，在主立面上交错连环，形成横向全长开窗的框架，并在某些位置伸出主体结构之外，形成平台和支撑玻璃栏杆。扎哈的流体设计也体现在室内，包括公共区域和39套公寓。配套设施包括一家IMAX私人影院、一个奥运会规格的游泳池（位于康乐层，这一层还有一家大型健身房、一家24小时营业的果汁吧和水疗套房）以及一间娱乐休闲室（位于大厅层，配备厨房，可供私人活动使用）。此外，还有一个室外露台，为欣赏楼下由未来绿色工作室（Future Green Studio）打造的庭院和景观小品提供了完美的场所。39套公寓为住户考虑到方方面面：视野、舒适度、规模、设计。规模从两居室到

五居室不等，价格从495万美元到5000万美元（三层楼顶套房）。扎哈的标志性设计风格可以在所有的公寓中看到。所有公寓都是纯白色调，奢华大气。每一套公寓的中心都是一个曲线元素，既是造型元素，也提供储物空间。公寓的所有房间都围绕这一结构来布局。其中，厨房是亮点，"海湾"是扎哈为意大利橱柜品牌波菲（Boffi）专门设计的。比如，詹妮弗·波斯特设计公司（Jennifer Post）装修的样板间（面积约420平方米，四间卧室，售价1500万美元）。空间采用一系列中性的白色色调，搭配若干其他精致配色，点缀以一些充满活力的装饰元素，设计灵感来自当代艺术作品，散布于空间各处。再如，由韦斯特·金建筑师事务所（West Chin Architects）装修的一套公寓（面积约160平方米，售价490万美元），结合了该公司典型的现代风格和设计师对极简实用主义的诠释。正如建筑的整体设计一样，每套公寓都鲜明地体现了西切尔西区充满活力的氛围——350多家艺术画廊的建立，让这里成为名副其实的当代文化的中心，而28街520号西豪华公寓正位于其核心区域。

开发人员 Developer: Related Companies
建筑设计 Architecture: Zaha Hadid Architects
室内设计 Interior design: Jennifer Post,
West Chin Architects
装饰 Furnishings: Berhnardt Design, Chateau d'Ax,
Desiron, Fendi Casa, Fredericia, Kielhauer, Lazzoni,
Living Divani, Porro, coffee table by FTF
Design Studio, custom tables by Paul Ferrante
厨房 Kitchens: Boffi
灯光 Lighting: Bocci, Davide Groppi, Juniper, Prandina,
Stickbulb, chandelier by Studio Dunn,
custom made lamps by Doug Fanning DYAD
地毯品牌 Rugs: Kasthall,
custom made by Doris Leslie Blau
墙面及墙面装饰 Wall and water installation:
Future Green Studio

. . . .

作者 Author: Veronica Orsi
图片版权 Photo credits: Hufton+Crow, Scott Frances

Koan

lualdi.com

lualdi®

生活的艺术

近百年的历史中，法国梅杰夫村（Megève）与罗斯柴尔德家族（Rothschild Family）联系在一起，并为后者创利。这一联系的最新历史篇章，是四季集团最近开业的第一家山地酒店

罗斯柴尔德家族，欧洲乃至世界久负盛名的金融家族。努力似乎是这个家族的一项使命。1920年，诺米·罗斯柴尔德男爵夫人决定在法国阿尔卑斯山建一个冬季度假胜地。之所以选址在梅杰夫，是因为该地交通便利，山景宜人，温和的阳光每一个季节都在爱抚这片土地。从那时起，每一代罗斯柴尔德人都为这个村庄的繁荣和发展做出了自己的贡献。度假村拥有55个房间（41间客房，14间套房），坐落在梅杰夫村的最高点，周围环绕着阿尔博瓦山、阿赫利峡谷以及若干知名滑雪场。这里是导演和演员最爱的地方，许多电影曾在这里取景，比如罗杰·瓦迪姆的《危险关系》，还有《谜中谜》系列电影（奥黛丽·赫本和加里·格兰特在其中一部里有在阿尔布瓦山木屋酒店泳池里的戏份）。阿丽亚娜·德·罗斯柴尔德男爵夫人，一位伟大的艺术爱好者，在设计之初就与建筑师布鲁诺·罗格朗（Bruno Legrand）和室内设计师皮埃尔·伊夫斯·罗森（Pierre-Yves Rochon）合作，在室内设计和艺术作品的选择上帮忙出谋划策。皮埃尔之前就与罗斯柴尔德家族相识了一段时间，所以他的设计更能让酒店反映出这个家族的价值观和生活方式。设计结果是一座现代风格的酒店，木材和壁炉的使用带来温

所有者 Owner: Benjamin and Ariane de Rothschild
开发人员 Developer: Edmond de Rothschild Heritage
酒店运营商 Hotel operator:
Four Seasons Hotels & Resorts
建筑设计 Architecture:
Bruno Legrand Architecture (BLA)
室内设计 Interior design:
Pierre-Yves Rochon Inc. (PYR)
总承办商 Contractors: T. Studio Design
& Development; Bruno Legrand Architecture (BLA)
装饰 Furnishings: Custom designed by Pierre-Yves
Rochon and Philippe Hurel. All furniture for the terrace
acquired from the Moringa Partners investment fund
which specializes in sustainable agroforestry in Latin
America and Sub Saharan Africa.
床罩 Bedspreads: Threads of Life
(an Indonesian fair trade company)
艺术品 Artwork: Thierry Bruet, Jeremy Maxwell,
Gilles Chabrier, Arik Levy, Wang Keping, Zoe Ouvrier,
and other art works from Ariane de Rothschild's
personal collection (Ikats de Bali)
. . . .
作者 Author: Francisco Marea
图片版权 Photo credits: Richard Waite Photography

暖的氛围，具有一种19世纪30年代的感觉。使用大量艺术作品和民族特色元素，赋予整个酒店独特的个性。所有55间客房均采用温暖的焦糖色调。从露台和阳台上，可以欣赏峡谷和山脉的景色。房间里使用法国画家蒂埃里·布吕埃（Thierry Bruet）的作品作为装饰，此外还有巴厘岛伊卡特挂毯，都是来自于阿丽亚娜·德·罗斯柴尔德男爵夫人的私人收藏。许多细节使梅杰夫四季酒店成为度假首选住地：可以直接取道阿尔布瓦山的山坡去往滑雪场；周围景观（精选的18000株植物）由专业园艺团队照管；酒店还拥有法国阿尔卑斯山最大的水疗中心，面积超过900平方米，装修采用装饰艺术风格（Art Deco）。酒店提供的美食满足每个人的口味，比如埃德蒙德酒吧（Edmond Bar），LED照明管制成的玻璃吧台夺人眼球，环境的色调是温暖的蜂蜜色和棕色，搭配花呢沙发、带皮质坐垫的扶手椅、带巧克力色饰带的象牙白窗帘。再比如"1920餐厅"（Le 1920），风格现代、优雅，环境更为庄重、安静，

色调采用较浅的焦糖色。阿尔卑斯风格的家具由皮埃尔·伊夫斯·罗森设计。私人餐厅可容纳14人就餐，滑动门可以完全关闭，营造私密的环境。酒窖通过玻璃墙与主厅隔开，提供更高档的美食体验（4人或6人）。海斗日料店（Kaito）以优雅的东方风格脱颖而出，墙壁和窗帘都是深红色法兰绒，房间内的柱子用红色皮革编织物包覆。家具陈设是菲利普·休尔（Philippe Hurel）为这家酒店专门设计的，桌子是皮埃尔·伊夫斯·罗雄设计的。楼梯宽敞大气，材料采用玻璃和金属，通向圆柱形的两层地下室空间。地下室的墙壁上安装了木质架子，可放置12000瓶酒，并控制在一定温度下。

将奢华进行到底

布鲁塞尔滑铁卢大道上的"27号"皮具店（Le 27）里，历史悠久的比利时皮具品牌德尔沃（Delvaux）借用了博物馆的陈列法，讲述了不拘一格、着眼未来的品牌精神

德尔沃，一个"典型的比利时品牌"。1908年世界上最早出现的现代意义上的股票交易，正是源自这个品牌。德尔沃刚刚在布鲁塞尔市中心开设了一家新店：27号。室内空间由意大利V-S合伙人事务所（Vudafieri Saverino Partners）设计，这家工作室实际上是德尔沃在世界各地各种展览的策划方。设计采用一种类似博物馆风格的陈列方式，用一种视觉上"讲故事"的方式展现该品牌的文化和历史，形成一种很难定义的空间风格。陈列品整齐排列，如合唱般一齐发声，极具表现力，让人体会到一种时间上的层次感。这家店位于一栋豪华别墅内，别墅本身的内部装饰是一种"历史的折中主义"，结合了19世纪的线脚、纹章、镜面、壁画和材料（如大理石、木材、熟铁等）。在此基础上，设计使用了大量20世纪的瓷器，其中一些是最具代表性的20世纪比利时设计作品——涉及的设计师包括朱尔斯·沃布斯、彼得德·布鲁恩、雷纳特·布雷姆、埃米尔·维拉内玛；也有现代作品，设计者包括纳撒

所有者 Owner: Delvaux
室内设计 Interior design: Vudafieri Saverino Partners
装饰 Furnishings: Barth on designs
　　by Vudafieri Saverino Partners
灯光 Lighting: Studio Amort -
　　Emotional Lighting Design
. . . .
作者 Author: Antonella Mazzola
图片版权 Photo credits: Santi Caleca

莉·德韦兹、阿拉因·贝托、本·斯摩斯和意大利的吉诺·萨法蒂。阿根廷艺术家罗米娜·艾丽萨的人物摄影作品，巧妙利用日常物品（看似粗劣或俗气，却总能让人体会到一丝讽刺），结合典型的16世纪风格的照明、姿势、服装和发型，进一步强化了店内的时间错觉感。德尔沃包包和配饰的本质，是对奢华的一种有趣而古怪的诠释。模块化的陈列方式，既有几何结构的严谨性，又有错视画一般的感染力（一种给人以摄影作品般真实感觉的绘画风格），陈列品与陈列方式"亲密对话"，恰如其分地表现了德尔沃品牌的精髓。墙壁展示设计为抽象绘画，显然是对蒙德里安艺术运动的致敬。经典的几何形状搭配浅灰色的垂直线条，实现了某种平衡，打破了严谨的对称。墙壁展示与展架和展台相结合，旨在再现极简不对称形状的组合，运用大理石和抛光镍等材料加以装饰，这些材料在装饰艺术时期（Art Deco）广泛用于家具设计。蒙德里安风格的壁挂式展示家具极致简约，衣柜的装饰体现了巴洛克风格，不居中的条纹大胆前卫……这些元素突出了古典与现代、规则与例外之间的平衡，而这实质上正是德尔沃的超现实主义灵魂所在——在德尔沃的设计中，经典、严谨的造型与极富现代感和趣味性的元素直接对话。

都市桃源

香港美利酒店（The Murray），代表的不仅是高端奢华的食宿体验。它是一种真正的生活方式，涉及审美品位，以及对良好生活习惯的热爱。英国福斯特及合伙人建筑设计事务所（Foster+Partners）和尼依格罗品牌酒店（Niccolo Hotel）合作打造了这座香港的时尚新地标

著名的红棉路——香港举办婚礼的流行场所——见证了精妙构思和卓越设计的完美结合。这就是尼依格罗连锁酒店旗下的香港美利酒店。毫不夸张的说，这家酒店带给你的体验是无所不包的。酒店所在的建筑是一栋历史悠久的建筑物，自1月份以来，成为这家酒店的所在地。酒店的魅力在于福斯特及合伙人建筑设计事务所在设计中严格遵循了保护历史建筑的指导方针。一系列雄伟的拱门构成了建筑规整的格子结构的基础，延伸到25个楼层的外立面上，建筑师设法保留了这一结构。1969年，现代主义建筑师罗恩·菲利普斯（Ron Phillips）设计了这座建筑，当时这栋大楼是可持续性和能源效率设计的先驱。现在，经过建筑大师的巧妙改造，大楼适应了当代的需要。改造设计特别强调了建筑的整体性。建筑师

表示："我们想在新旧之间创造一种对话。我们的目标是通过强化特色元素，重现入住酒店的魅力，从酒店大门开始就重现那种独特的感觉。"该项目旨在保护建筑的原有状态，同时将其融入周围景观，既是商业区，也是都市绿洲——项目中包括绿地和花园。酒店内部也极具特色：材料真实地呈现自身，以一种全新的优雅大气的感觉重新定义了奢华。黑白大理石地面与不锈钢青铜饰面相结合，手工吹制的玻璃与来自意大利和亚洲的织物形成鲜明对比。一切都与原建筑和谐相融，每一个元素都经过精心挑选，符合空间的整体感觉。福斯特及合伙人事务所对这个项目倾注了极大热情，从建筑外观到浴室水龙头的最小细节，每一个施工阶段都实践了极为细致的工匠式精神。贯穿整个酒店的宽敞大气的空间是美利酒店奢华设计的另一个标志。比如

所有者 Owner: Wharf Hotels
总承办商 Main Contractor: Foster + Partners
酒店运营商 Hotel operator: Niccolo Hotels
建筑设计/ 室内设计 Architecture/Interior design:
Foster + Partners
....
作者 Author: Petra Ruta
图片版权 Photo credits: courtesy of The Murray

餐厅和酒吧，还有屋顶上的一个特殊空间——"鸟舍"——这个街区重要的社交场所，可用于聚餐、饮酒或欣赏令人叹为观止的景色，绿化设计使其与周围的景色连成一片——因为这栋大楼低于周围的摩天大楼。客房共336间，布局也采用了大空间的设计，充分利用了建筑的几何结构，巨大的凹进式开窗带来充足的光线，同时避免阳光直射造成过热，保护了室内用稀有石材、皮革和高级织物覆盖的精致饰面，这些精致材料的运用让设计师在香港市中心创造出这一处"别致"的都市桃源。

从建筑外壳到最细微的浴室水龙头细节，Foster + Partners建筑设计事务所对每一个建筑阶段的做工都采取一丝不苟的态度

当代知名葡萄牙艺术家琼娜·瓦斯康丝勒（Joana Vasconcelos）为巴黎乐蓬马歇百货公司（Le Bon Marché）设计的大型装置艺术，取名为"西蒙娜"（Simone）。这个作品体量巨大，造型诡异，

© courtesy of Le bon marché

"飘浮"在玻璃屋顶之下，极具侵略感。完美的有机形态"拥抱"着自动扶梯，环绕着钢铁柱子，静静盘旋于空间各处。

创意民宿 "别居" 位于桂林平乐县漓江畔，十间设计工作室（Studio 10）负责了其中 "梦·迷" 主题房型的改造。设计灵感来源于莫里茨·科内利斯·埃舍尔（M.C. Escher）的绘画作品。建筑师通过二维、三维元素的无缝转换以及视幻现象的运用，打造了一个神秘、无尽的 "不可能空间"。

© Chao Zhang

GLO
Carlo Colombo

pentalight.com

pentalightgroup.it

荷兰MVRDV建筑事务所与天津城市规划设计院联手设计了天津滨海图书馆。发光球体造型的礼堂，恢弘磅礴的梯田式书架，顶部是像大教堂一样的拱顶，充满曲线感。

回归设计的本质

2004年，郭锡恩和胡如珊一起创立了如恩设计研究室（Neri&Hu），主要提供国际化的建筑、室内、整体规划、平面以及产品设计服务，总部位于上海，在英国伦敦也有分支。如恩设计目前的项目分布在很多不同的国家，拥有来自全世界各地的员工，使用超过30种语言。不同文化背景组成了如恩的设计团队，而这种差异独特性恰恰回应了如恩的设计理念：以全球化的观念结合多元、重叠的设计理念来创造一个新的建筑范例。除了如恩设计，成立于2006年的如恩制作是凝聚了如恩对手工制作和中国美学的思考而诞生的手工艺家居品牌，而设计共和（Design Republic）则是一家汇集诸多国际顶级设计师系列产品的家居零售店。

作者: *Tara*
图片版权: *Andrew Rowat, Pedro Pegenaute*

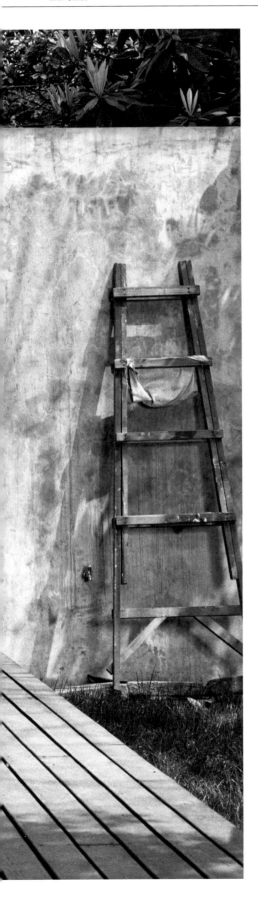

不难发现，如恩的涉猎范围几乎涵盖了设计的所有方面，套用现在流行的说法，"整合经营"做得相当出色。这是如恩在成立之初就做好的决策吗？

当然不是，三个发展方向的形成其实是一个自然而然的过程。如果回想一下如恩设计成立之初的项目——Michael Grave的办公室设计，你就会发现，这个以建筑为由头的跨学科设计案例几乎代表了如恩对待设计的态度。一直以来，我们都以一种开放的心态思考设计，时刻警惕着思维局限。设计无界，在世界设计史上，很多杰出的设计师也都是从"跨界"开始的。比如大家熟知的芬兰建筑大师Alvar Aalto，最初的事业是创立家具品牌Artek。他还在赫尔辛基开过设计商店，做过经销商。听起来跟如恩有些相似？其实刚开始我们并不知道这些故事，直到今天，我们回过头来看，才觉得"有商业压力的'设计共和'家居零售店"和"能够坚持设计的如恩设计"可能是一个相当聪明的结合。尽管如恩和设计共和各自的发展有着截然不同的路径，但我们欣然发现，在边界被不断被打破的今天，三者能够共同为共同的目标——提供更完整的设计体验而服务。

如恩设计一直在强调"回归设计本质的部分"，如何理解"本质"，如恩设计的核心精神是什么？

基本上所有设计师都通过设计作品来实现某种自我定义或自省。如恩设计的核心在于拥有独立的美学价值观，在此基础上加入了一些社会、文化与哲学的表达。如果将对设计的考量形容为一个金字塔，那么对于如恩来说，位于根基的部分是对功能性的思考。解决功能问题是设计的前提。而在上层，我们则会注入一些"个人理解"——有时候融入对商业性的评论，有时候是文化批评，或者一些幽默的小元素，都不尽相同。同时，在回答这个问题的时候，我们也会想到我们的专业可以怎样服务社会，无论是做地产项目还是生产一件家具，我们相信设计会带来创造性的价值。

最初，当人们谈论如恩设计的时候，习惯用"清水工业风"来形容当时如恩的极简设计所带来的强烈冲击。近几年，如恩的作品越发多样和成熟，所以我们应该怎样界定如恩的设计风格？

虽然在谈及艺术和设计的时候，不可避免地会说起风格，但如恩设计真的没有太多考虑过关于"风格"的问题。如果非要给个回答，我们认为如恩作品的"样子"是我们思想物化的产物，代表着我们的思想通过形式、颜色、材料、空间和感知落地为实的转化过程。当然，我们不仅仅设计自己喜欢的东西，任何项目都需要对客户的需求负责，对问题的解决负责。所以，在"外观"之外，其实空间内加入的元素都是项目所需的。

谈一谈最近完成的项目？

今年落成的项目有阳澄湖别墅、青普扬州瘦西湖文化行馆等。拿墙垣——青普扬州瘦西湖文化行馆来说，这个项目位于扬州风景秀丽的西湖附近，由于场地各处散布着小湖泊和一些现有的建筑，这家包含20间客房的精品度假酒店对如恩来说颇有挑战。业主希望对基地原有的部分老建筑进行适应性再利

用，为之赋予新的功能，同时增加新的建筑以满足酒店的容量需求。以中国四合院的建筑形态为灵感，我们利用了场域里最具特色的两个元素——墙与院，来框定围墙和通廊的布局，将散落的空间整合起来，形成了一个多院落的围场。和传统的庭院一样，院落使空间内部的层次丰富多变。由灰色回收砖砌成矩阵式的砖墙则为现场加入了不少文化和神秘感。我们希望通过粗犷的材料和精巧层叠的空间营造，重新定义传

统的建筑形式。阳澄湖别墅的设计概念也有相似的部分，但这个项目更侧重于考察新时代的中国村落生态和人的居住行为，试图创造一个适应于现代中式生活的范例。在我们定义的郊区生活空间中，景观不再被单独定义为室外空间，小径、门槛、中心景观等中式园林中常见的元素，都被有机组成在室内外的各个角落。

雪花秀首尔旗舰店Sulwhasoo Flagship Store| 韩国 首尔 如恩设计以灯笼为设计灵感，改造了首尔江南区一座五层高的大楼，为风靡亚洲的护肤品牌雪花秀打造全球首家旗舰店。该大楼始建于2003年，由韩国建筑师承孝相设计。

上海大戏院*New Shanghai Theatre*
项目的前身是一座建于20世纪30年代的电
影院，现存的建筑在过去的几十年中经历
了数番改造，期间剥除了很多原有的特色
和细节，最后留下来的是一座糅杂了各种
风格和功能的建筑。

设计共和设计公社*Design Republic*
中国 上海
设计共和设计公社位于上海市中心，是
一个设计师和设计迷们可以聚会、欣赏
设计、交流学习的空间。它包括设计共
和旗舰店——一家现代家具零售店，以
及与设计相关的零售概念——包括书
籍、时装、灯饰、配饰和花。

墙垣——青普扬州瘦西湖文化行馆
The Walled - Tsingpu Yangzhou Retreat
扬州青普瘦西湖文化行馆位于扬州风景秀丽的西湖附
近。由于场地各处散布着小湖泊和一些现有的建筑，
这家包含20间客房的精品度假酒店对如恩来说是一
个颇有挑战的项目。

印象深刻的如恩产品设计？

去年，我们与意大利灯具品牌Artemide合作的几款
灯具获得了很大的成功。颇受欢迎的"燕子"系列，
呼应了Artemide"人类之光(The Human Light)"
的品牌理念，以市井生活中鸟儿在枝杈上休憩的动
人画面为灵感。黑色支架上站着姿态各异的黄铜燕
子灯，既表达了对自然和城市的敬意，同时趣味感十
足。之后推出的圣诞节限量款灯饰同样选择了简单的
发光球体，搭配灵活的环状黄铜附件。环形借鉴了别
针的式样，使作品兼具吊灯与台灯的功能，并可通过
任意角度放置。

GIANFRANCO
FERRE
HOME

米兰 / 纽约 / 迈阿密 / 洛杉矶 / 莫斯科 / 基辅 / 昆明 / 南京 / 深圳 / 多哈 / 贝鲁特 / 巴库

阴与阳之间

南韩郁陵火山岛的自然气脉与精气汇聚于 **Healing Stay KOSMOS** 度假村。这个结合自然之气达致阴阳调和之地由韩国建筑事务所 The System Lab 精心建造

处真正向大自然致敬的地方。在自然要素与反自然要素之间实现平衡。Healing Stay KOSMOS豪华度假村位于韩国郁陵岛的悬崖边，像锥子一样矗立，直指天际。这个位于朝鲜半岛120千米以外的成层火山岛，大约在250万年前火山爆发后形成，随着年月过去，这座岛屿的原始性和难以实现的受保护生态系统笼罩着神秘的气氛。The System Lab建筑事务所的建筑师金灿中教授以不侵犯这个地方神圣的灵气为原则，首先找出与这个地方周围环绕的神秘自然之气，以及最引人注目和触动心灵的岩层、香柏树林、杜松、小径、瀑布、小海湾和山洞。最终方案是通过先进的科技和设计打造一个心灵的维度。这座度假村的建筑外形采用极高性能的混凝土打造而成，令人联想到天文气象计算机所观测的日月神秘美妙的轨迹——椭圆轨道状的建筑部分以各自的方式连接人与每个人内在被称为"气"的自然精华。在这个建筑结构风格下，该度假村分为两个建筑单元，其中一个是Villa Kosmos，可以为宾客提供4间客房，另一个是Villa Terre，设有8间不同面积和不同类型的客房，当中包括韩式暖炕。度假村的室内设计亦由The System Lab建筑事务所精心打造，采用简约风格的线条，通过不同的主题和物料——火星(火)、水星(水)、木星(木)和金星(金)，以及结合由韩国设计师Jeong Hun Lee为度假村特别设计的家具、Emilio Nanni设计的经典Alaska

椅、Cini Boeri设计的Ghost椅和Grete Jalk设计的GJ Bow 椅，达致捕捉宇宙元素的精髓。身与心是紧密相连的，缺一不可，Villa Kosmos设有桑拿浴室和按摩浴池，池水取自Nari盆地夹杂了雪的雨水。从那里可以尽情欣赏日落和月出的美景，在日月下吸收阴与阳的气韵。眺望大象岩和锥子山的醉人景色不是在度假村的二楼，而是在用餐室，那里设有可提供十人座位的特制大型橡木餐桌，或在铺设有火山岩石地板的酒吧。在沉醉眼前美景中重新达到人与回忆、智慧和内在的阴阳调和的联系。

所有者 Owner: Kolon Glotech
总承办商 Main Contractor: Kolon Global Corporation
酒店运营商 Hotel operator:
Healing Stay KOSMOS Resort
建筑设计/室内设计 Architecture & Interior design:
The System Lab
混凝土工程 Concrete Engineer: Korea Institute
of Civil Engineering and Building Technology
定制平面设计 Custom Graphics: Studio DD
照明设计 Lighting design: EONSLD, Intech
园林顾问 Landscaping Consultant: JWL
装饰 Furnishings: Cherner Chair Company,
Catellani&Smith, Fiam Italia, Flexform, Kettal, Knoll,
Nanimarquina, Poltrona Frau, Tacchini. Custom made
by Eagon Industrial, Hun Jeong Lee, Naechon
定制家具工作室 Custom Furnishings Workshop:
Kidea Partners
灯光 Lighting: FontanaArte, Gloster, iLED, LED Flex
. . . .
作者 Author: Manuela Di Mari
图片版权 Photo credits: Kim Yong Kwan

优雅即奢华

曾经是贵族的住所，后来变成宗教中心，现在是豪华私人住宅。罗马的宫殿别墅（**Villa sul Palazzo**），在西班牙建筑师雷蒙·埃斯特韦（Ramón Esteve）的妙手之下，重现辉煌

这是罗马为数不多的可以把这座"永恒的城市"的精髓摄入照片的地方。在这里，光学规则是颠倒的——客体捕捉主体。"特权"是罗马宫殿别墅的一个不变的特征，从建筑所在的位置即可见一斑。建筑位于特维尔谷的上方，从高处俯瞰梵蒂冈，采用大量开窗，室内、室外紧密相连。这栋建筑始建于1912年，由工程师乔瓦尼·巴蒂斯塔·米拉尼（Giovanni Battista Milani）设计，作为卡雷加王子的住所。1955年扩建为修道院。现在，是这栋建筑的第三次轮回，作为一处豪华私人住宅，带有明显的西班牙建筑师雷蒙·埃斯特韦当代设计的标志。时光流转，"显赫"是这里不断重复的主题，辉煌从未停止，包括现在作为私人住宅。走进来欣赏一下这栋建筑的精神就已经是一种享受了。设计充分尊重原有的建筑形象，保留了新古典主义的立柱，还有罗马石灰华和卡拉卡塔大理石这样的材料，辅之以黄铜、镜面玻璃和橡木等。灯具的金色配饰突出了大理石的焦糖色纹理，这种纹理也反映在镜面上。灯具品牌有Catellani & Smith、Baxter、Flos。金色还体现在Minotti咖啡桌、Dornbracht水龙头、金丝卡拉卡塔白色大理石的定制厨房餐柜、B3型Bulthaup橱柜、楼梯台阶

建筑设计/室内设计 Architecture & Interior design:
Ramón Esteve, Estudio
施工 Constructor: Architect Luigi Lauri, Ecofim
装饰 Furnishings: Onyx Marble table, Calacatta Gold Marble sideboard,
bed by Ramon Esteve, Baxter, Glas Italia Minotti, Talenti
厨房 Kitchens: Bulthaup, Dornbracht
灯光 Lighting: Baxter, Catellani & Smith, Flos
浴室 Bathrooms: Sink and bespoke shelf by Ramon Esteve
织物 Fabrics: Brunello Cucinelli, Frette

. . . .

作者 Author: Petra Ruta
图片版权 Photo credits: Alfonso Calza

的边线。金色也是楼内电梯中反复出现的元素。电梯本身就是一种垂直的造型元素，材料采用透明玻璃，是为这栋建筑量身定制的。室内家具，有些是由建筑师设计的，有些是Baxter和Minotti的定制设计，与室内陈列的古玩和谐匹配。建筑师尤其向这座别墅的"精华空间"——塔楼——致敬。塔楼里只用了一些基本家具，包括Baxter的椅子（Graz chair，设计师：Paola Navone）、Flos的灯（Arco lamp，设计师：Achille Castiglioni）、Glas Italia的全玻璃桌子（Oscar table，设计师：Piero Lissoni），目的是突出这个空间的独特性。整个别墅最突出的焦点是中央露台，建筑师在这里创建了一座屋顶花园，有两个游泳池，一个室内，一个室外，还有壁炉、柠檬树和橄榄树、两个对称的喷泉、一个庭院，从庭院可以欣赏到壮丽的全景，金色的家具舒适优雅，由建筑师亲自设计，Talenti制造。在这里，别墅与罗马及其精神融为一体。

全彩空间

俞挺建筑设计工作室（Wutopia Lab）将思南公馆25号楼改建成一家新书店。设计师希望思南书局可以为生活在城市里的人提供一个学习和思考的空间

25号楼是20世纪20年代、30年代在前法国上海租界建造的众多殖民建筑之一，曾被称为"马斯南路"。直到1943年，它一直处于法国统治之下，后来在一段有争议的建筑繁荣期中成为焦点。近年来，整个地区都重新开发，现在颇具欧洲氛围：优雅的别墅、黑砖小楼、林荫大道。经上海世纪出版集团和永业集团邀请，俞挺建筑设计工作室将其中一栋建筑改造成了一个文化场所，室内环境出人意料。如果你了解俞挺

工作室通常使用的那种带有强烈艺术性的室内设计手法——创造出色彩多样的、象征性的、有魔力的室内"新世界"来为建筑增色——那么你会更容易想象这样的室内空间。曲线和造型的节奏，圆筒状的走廊（配色从森林绿到鲑鱼红），镶木地板的纹理……思南书局是人们学习道路上的一盏指路明灯。思南书局建筑面积460平方米，共四层，每个楼层分别代表潜意识、心灵、视听、思想，空间的组织就像人类获取知识、认识自我和世界的体系。颜色与情绪和感觉密切相关。书店里，颜色的感知会根据白天的光线情况以及人在特定时间的情绪状态而变化。入口布置在二楼，一条红色的通道在色彩上连接室外和室内，极具象征性和表现力，暗示着开放的态度。这一层有咖啡厅、文学书籍区，还有休息区——虽然是公共空间，

但环境私密而安静。三楼的展览空间呈现出不同的色调——绿色，传达出宁静和反思的精神，而阅览室的墙面则是闪亮的金色，传递出乐观、活泼的感觉，令人耳目一新。四楼的"作家工作室"代表了书店的"思想"，是一个交流和思辨的场所。黑白二色的空间有利于思想的交流。露台上，白色大理石创造出空灵的空间，历史的文脉和知识的断层在这里碰撞。地下室是书店的"潜意识"，历史和哲学书籍布置在错综复杂的书架上，形成一座"迷宫"。这些书架也为公众提供了隐蔽的阅读角落。迷宫的西面，有一家特别的伦敦书评精选书店——思南书局的姊妹书店，而东面，是一间宽敞的书房，中间摆放了一张桌子，上面陈列着艺术作品。两部楼梯的下面，是两间私密的阅览室。

所有者 Owner: Shanghai book, Sinan Books Branch
开发人员 Developer: Shanghai Zhuzong Group
Construction Development
建筑设计 Architectural design: Wutopia Lab
室内设计 Interior design: Yuchen GUO
装饰 Furnishings: Shanghai shebao furniture

. . . .

作者 Author: Antonella Mazzola
图片版权 *Photo credits: CreatAR Images*

BBC的现代生活新体验

伦敦电视中心是英国广播公司（BBC）的前总部，位于怀特城地区的中心地带，现在已经变成了一个高端的多功能枢纽，包含中世纪现代风格的住宅、美食餐厅和一家全新的私人会员俱乐部。所有的一切都在标志性的金色太阳神雕像的注视之下

伦敦最具象征意义的地标重新打开了大门：英国广播公司（BBC）前总部伦敦电视中心，作为伦敦最复杂的一个多功能开发项目，进行了彻底的升级改造。这个项目由三井不动产株式会社（Mitsui Fudosan）、爱马科（Aimco）和斯坦霍普（Stanheep）三家公司合资开发。这座曾经的信息集成中心，现在展现了全方位、多功能集成的生活场景，同时保留了原建筑的历史魅力。总体规划由AHMM（Allford Hall Monaghan Morris）负责，这家公司曾获得英国皇家建筑师学会斯特林奖（RIBA Stirling Prize）。室内设计出自苏西·胡德莱斯设计工作室

（Suzy Hoodless）的方案。二级历史保护建筑楼内的私人住宅面向以太阳神雕像为标志的庭院，而新建的"新月"楼则俯瞰哈默史密斯公园（Hammersmith Park），设计灵感来自原电视中心的设计，即中世纪现代主义风格；同时，也明智地进行了适当改造，采用智能家居设计，适合当代生活方式。家具陈设精挑细选，精致考究，包括丹麦设计先锋维纳尔·潘顿（Verner Panton）设计的灯罩、芬兰裔美国建筑师埃罗·沙里宁（Eero Saarinen）设计的郁金香古典粉红大理石桌子、意大利家具设计师托比娅·斯卡帕（Tobia Scarpa）20世纪60年代为灯具品牌弗洛斯（Flos）设计的福格利奥壁灯（Foglio）。

开发人员 Developer: joint venture Mitsui Fudosan, AIMCo, Stanhope
建筑设计 Architecture: Allford Hall Monaghan Morris (AHMM)
室内设计 Interior design: Suzy Hoodless
装饰 Furnishings: Another Country, Knoll. Headboard by Christopher Farr Cloth. Rug Fez by Vanderhurd. Lobby: Heritage Armchair by Frits Henningsen, SL60 Sofa by Søren Lund. Screening Room: armchairs and sofas Søren Lund upholstered in John Boyd velvet. Bespoke walnut tables
灯光 Lighting: Flos, Workstead
大堂镶嵌壁画 Lobby Mosaic Mural: John Piper
....
作者 Author: Anna Casotti
图片版权 Photo credits: GG Archard

伦敦电视中心总经理阿利斯泰尔·肖（Alistair Shaw）表示："我们很高兴宣布电视中心首次向公众开放。这里将致力于为社区服务，同时保留了明显的BBC风格，包括居住、工作和休闲的空间。"改造后，电视中心拥有创意区、酒店和时尚餐厅。周围是英国广播公司全球总部以及由英国广播公司工作室（BBC Studioworks）管理的三家原创电视工作室，很多英国最受欢迎的节目都在这里录制完成：《格拉汉姆·诺顿秀》《罗素·霍华德时间》《一周讽刺秀》《乔纳森·罗斯秀》《最后一站》《周五之声》等。这里汇集了大量的高级餐厅，如怀特城蓝鸟咖啡馆、霍姆斯利克、帕蒂&邦恩、艾丽丝、贝利&塞奇、克里克特餐厅等，此外还有一家有三个观影厅的影院。除了电视中心的私人会员俱乐部Soho House之外，这里还有怀特城精品酒店（White City House），拥有45间客房、大型健身房和鸡尾酒酒吧，向公众开放。新颖，创意，出人意料，这就是BBC的现代生活新体验。

Door Model: WALL Mod_A Nocciola

1103 每一天都在创造
1103 每一天都在实现梦想
1103 每一个项目都为客户量身打造。不仅如此...
1103 Effebiquattro, 孕育灵魂之美

当今最具创新性设计之一, 米兰的"垂直森林"。

这就是我们在Effebiquattro的风格, the big way!
参与开创性的项目, 引领潮流, 展现我们的态度。
我们承诺提供最新技术和不断创新的设计,
独一无二的产品, 引领设计风向标。
定义潮流就是我们公司的核心理念!

EFFEBIQUATTRO *Milano*
PORTE

新世界

布鲁诺室友酒店（**Room Mate Bruno**）让人
想起远洋航行者在海外旅行时的探索，就像一
个冒险的船长，带领客人探索未知的世界。这
是室友连锁酒店的最新一家，刚刚在鹿特丹开
业。意大利女建筑师特雷莎·萨皮（Teresa Sa-
pey）的作品

用一句赌场流行语来说，室友酒店可
谓"击败庄家"。自2005年基克·萨
拉索拉（Kike Sarasola）创立这个
西班牙连锁酒店品牌以来，室友酒店一直在稳步扩
张。13年来，23家室友酒店在6个国家落成，去年增
长180.5%。还有11家室友酒店正在开发新的地点，
包括罗马、巴黎、那不勒斯、加那利群岛、马洛卡、
里斯本等。对竞争者来说，竞争？没有用的。但萨拉
索拉仍在下注，因为这些年间，室友酒店获得了众多
奖项：西班牙部长理事会颁发的旅游业荣誉勋章、全
球最佳酒店服务大奖数字营销最佳创新奖、Travvy最
佳运营商提名奖，等等。最值得一提的是，根据酒店
声誉信息数据管理系统ReviewPro的数据，室友酒店
在西班牙酒店行业拥有90%的市场份额。带着这些奖
项和数据，室友酒店在鹿特丹落成了这家新店——布
鲁诺室友酒店——室友酒店在鹿特丹的第一家分店，
在荷兰的第二家。新店的位置得天独厚，甚至可以说
是赋予它生命的灵魂。这里是鹿特丹南部的Kop van

Zuid码头区，号称"荷兰曼哈顿"。这里保存了几座历史悠久的建筑物，这家酒店所在的大楼就是其中之一，原是19世纪港口区的一座香料仓库，后来由于其显耀的地理位置成为举办重要文化活动的场地，逐渐成为北欧的标志性建筑物。意大利女建筑师特雷莎·萨皮坚信应该保留这栋建筑的历史和特色，她在保留原建筑结构的基础上，将传统与前卫设计相结合。在217间客房以及酒店的公共区域，有许多围绕大海、旅行和星辰这些主题的暗示，让人想起那些从鹿特丹港出发的船只，船上装满了来自印度尼西亚、摩卢坎群岛或苏门答腊的异国香料。色彩、航海元素和佛兰德绘画在酒店的装饰中起着非常重要的作用。特雷莎表示："我们想保留这座建筑的航海特征，同时也用了一些北欧西班牙的温暖、氛围和色彩。"对每位客人来说，住进这家酒店就相当于开启一次旅行。在酒店的每一层都是一次不同的冒险。墙壁和天花板上的图案使人想起水手使用的地图、几何图形的线性形状、绚烂丰富的色彩。室内的"冰冻花园"是一片蓝色的海洋，一座用钢铁打造的小岛环抱着一棵有着橘黄色树叶的小树。这家酒店提供的服务也非比寻常。比如从清晨到中午都供应早餐；免费Wi-Fi不仅限于酒店，而是覆盖整个城市，这一点真是有口皆碑。

所有者 Owner: Room Mate Hotels
开发人员 Developer: Een VolkerWessels
总承办商 Main Contractor: Aannemersbedrijf Van
Agtmaal Oudenbosch
室内设计 Interior design: studio Teresa Sapey
装饰 Furnishings: Dvelas, Ecus, Expormim,
Gebrueder Thonet Vienna, Kartell, Marte 360° Design,
Missana, Pedrali, Silleria Vergés, Simes, Stellar Works,
Talasur, Torre.it, Vondom
厨房 Kitchens: Pilsa
灯光 Lighting: Flos, Normann Copenhagen
浴室 Bathrooms: Agape
窗帘 Curtains: Textil Contract
. . . .
作者 Author: Manuela Di Mari
图片版权 Photo credits: Mads Morgensen

这座歌剧院坐落在哈尔滨的湿地内，设计上呼应了城市的原始荒野感和当地寒冷的气候。整栋建筑看起来像是被风和水雕琢而成，与自然和地形完美融合，同时也融合了当地的特色、艺术和文化。

纽约设计师莎莎·毕可夫（Sasha Bikoff）谈到展馆楼梯的改造设计时说："米兰孟菲斯派设计师Ettore Sottsass和Alessandro Mendini给了我启发，比如他们作品中的之字形、圆点、曲线和金字塔三角形图案。"

© Genevieve Garruppo

OAK | 40TH

MADE IN ITALY
SINCE 1979

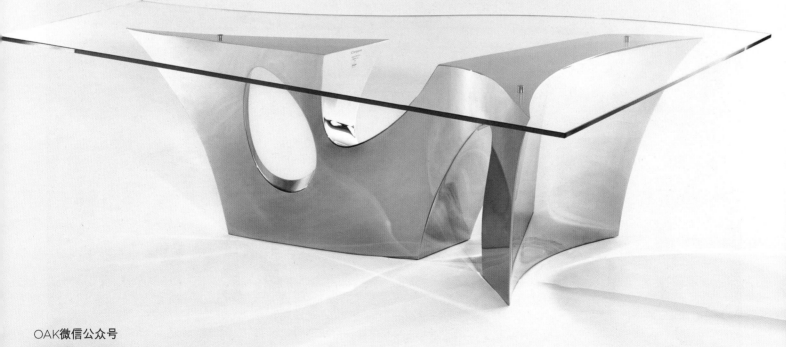

OAK微信公众号

设计：意大利国宝级大师Mario Bellini（马里奥·贝利尼）

摄影：Lorenzo Pennati

INFINITY(无尽)系列

giorgio collection

LUXURY EXPERIENCE
MADE IN ITALY

中国办事处　　　　上海吉盛伟邦　　　广州吉盛伟邦　　　成都富森美家居　　　青岛居然之家
联系微信13636462087

会呼吸的建筑

理查德·哈塞尔（Richard Hassell）和他的合作伙伴黄文森（Wong Mun Summ）一起在新加坡创立了WOHA建筑师事务所（**Woha Architects**）。我们有幸采访到哈塞尔，与他深入探讨了"可持续建筑"的概念——他们两人提出并应用于热带地区建筑设计的一个重要概念

如何通过建筑实现可持续性？建筑环境如何创造和促进社区意识？如何在提高服务水平的同时解决城市密度增加的问题？黄文森和哈塞尔于1994年在新加坡创立、后来获奖无数的WOHA建筑工作室，用一种以人文、健康和自然平衡为导向的革命性的建筑方法，回应了上述问题。WOHA的设计理念涵盖了从宏大建筑到微观城市规划的所有内容，利用植物创造出"会呼吸的建筑"——产生氧气、与自然景观融为一体并将其对环境的影响降至最低的"城市绿肺"。这种建筑全面改写了传统的建筑理念，创造了"垂直城市"，提供一切你能想到的服务。总体目标是：自给自足的城市，可以提供自身所需的能源、食物和水。我们希望通过与哈塞尔交谈，聆听他本人对于这种独特的建筑方法的见解。这种方法将对当地和传统的深入了解与细致的调研过程结合起来，追求唯一的、理想的终极目标——创造一个更好的世界。

作者: Veronica Orsi
肖像图片: Mark Teo
项目图片: Permeable Lattice City, Self-Sufficient City (courtesy of WOHA).
Parkroyal, SkyVille, Oasia Hotel, Kampung Admiralty (Patrick Bingham-Hall)

左图：透水格子城市（新加坡），
垂直城市亚洲国际设计大赛暨研讨会

下图：新加坡豪亚酒店

你们开始合作的时候，是否已经清楚地知道你们会因你们提出的建筑理念而闻名世界——与自然生态系统协调共生的建筑。还是，这个概念是后来逐渐形成的？

绝对是多年来逐渐发展成熟的。但从一开始，我们就对热带地区的设计有着浓厚的兴趣。事实上，我们上大学的时候，20世纪80年代（很久以前了），在建筑学中有一个运动叫作"批判区域主义"，由建筑理论家肯尼思·弗兰普顿（Kenneth Frampton）提出，关注现代建筑与当地文化和气候的关系。当我们开始在热带地区做设计时，这对我们来说显然是个非常实际的问题，因为热带对舒适建筑环境的营造来说是一种相当具有挑战性的气候。在温和的气候下，建筑可以有多种选择——如果天气热，你就打开窗户；天气冷，关上窗户。但是热带地区的话，除非有空气流动，否则会很不舒服。我们一开始做一些小项目，后来，随着项目的规模越来越大，我们发现了一件非常奇怪的事：我们了解的有关高层建筑的所有东西，在这里都必须抛开。为什么会这样呢？我们开始寻找原因，看看问题究竟出在哪里。令人惊讶的是，根本没有问题。我们知道的有关高层建筑的知识都是来自纽约和芝加哥的建筑师的实地经验，那里的气候非常恶劣，风很大，冬天非常寒冷。而在亚热带到热带的气候下，你可以设计完全不同的高层建筑，建筑环境更好，因为室内和室外空间都能利用。之后，我们开始思考。其实大型建筑不一定要像公寓那样。大型建筑里面有很多人。这些人身处非常密集的环境之中，实际上需要和外面的人一样的东西：他们需要公园，

他们需要游乐场，他们需要安静的空间。因此，我们开始研究如何将这种真正关系到人们生活质量的重要空间结合起来，以及我们是否可以将这种空间包含在建筑中。

你们是怎样将可持续性和健康联系在一起的？

健康是你一整天里所有体验的核心。不仅是建筑，从城市环境到建筑内外乃至我们使用的产品，都涉及健康的问题。我认为随着城市越来越密集，我们会被越来越多的人造元素包围。建筑面临很大压力，因为有关建筑的一切都与人相关。如果建筑环境丑陋，那是因为有人把它造得丑陋。丑陋的环境简直可以说是对你的一种攻击——你因为别人的错误而受苦。这就是为什么我们相信通过植物来实现健康的目标非常重要，因为植物不是人造的。有植物在身边，人会更放松。所以我认为，可持续性其实也就是健康的问题。如果我们想在这个星球上继续生活，我们必须做正确的事情。这样感觉也会更好，因为看到周围在不断进步，变得越来越好，看到你的行为对解决问题有所帮助，而不是成为问题的一部分。

大型建筑的设计，你们如何在环境体验、自然和技术创新之间寻求平衡？

主要是思想观念上的一种转变：不把它看作大建筑，而是看作一种三维环境，然后你可以把它分解成更小的环境。我的意思是，城市也是一个巨大的建筑，一个由街道、广场、公寓组成的网格结构。可以从环境体验开始思考。如果你要设计相互连接在一起的一

系列小环境，除了在地面上水平连接之外，其实你也可以选择垂直连接。这样，你就能创造出任何你能想到的环境。比如我们的"天空村"（SkyVille @ Dawson，新加坡道森路）这个高层建筑设计。大楼内有960套公寓，但是没有一条内部走廊。你可以在阳光下，在轻风中，穿过漂亮的花园进入你的公寓。我们将各种模块和系统进行"组装"，通过这种方法，我们实现高质量的居住空间，营造令人愉快的人居环境。于是，在这栋公寓楼中，走出电梯，你可以看到城市的远景，你的脚下是花园，你漫步走到自己的公寓。这种感觉非常好，就像你住在公园里或广场上，而且我认为这是有好处的事情——对身心健康都好。

你觉得你们这种模式能引进到其他大洲，比如美洲或者欧洲吗？

我觉得可以。有趣的是，在某种程度上，热带更容易。我们在这里做到了，现在来自美国和欧洲的人找到我们，说："我们也想这样生活，我们怎么能做到呢？"我认为，事实上，重要的不是我们掌握的技术，而是你需要观念上的改变。你要检查一遍你的设计，然后说：这个室内走廊不行，这样很糟糕。还有其他的方法——当然有——只是在热带地区，我们一年四季都这么做。也许在欧洲你可以设计"冬季花园"。所以我认为真正关键的是问一句：为什么在低密度环境中我们不能接受的那些不好的设计，在高密度环境中就能接受呢？

你能否想象一下，未来的城市是什么样的？

我们已经在做了。我们称之为"自给自足的城市"。那是雅加达北部的一个新城镇，占地730公顷，居住人口21万，建筑高度限制在60米以下。我们的设计遵循可持续性和健康的原则，创造了一座热带的"森林中的生态城"。我们保留了一半以上的原有自然景观，实现了能源、食物和水的自给自足。我们将整个建筑顶部设计成"能量层"，但是由于我们需要的能量超过了楼顶面积所能实现的，所以太阳能板的面积需要进一步的延展，形成一个伞状结构，这也有助于保持城市的凉爽。伞状结构下面是"农场层"。"农场层"下面，是高科技的"垂直农场"和"社区农场"。再下面，是所有的公寓、办公室和其他配套设施，然后是"森林层"。在我们看来，这就像梦一样，你感觉自己好像生活在森林里。我认为现在的技术水平已经可以实现这种设想。这个城镇的生态能耗与其规模完全相称——需要多少，消耗多少，它的存在是一种平衡的状态。

新加坡"天空村"

城市密度这个问题一直是你们非常关注的。针对这个问题有什么解决方案？

我认为，除非人们知道什么样的是好的密度，否则我们只会创造坏的密度，因为自然而然就会变成那样。人类很贪婪，我们只想从城市里拿走更多的东西，塞进更多东西。事实上，往上走的话，只要你想要，空间有的是。

关于密度我们做了一些有趣的研究。我们发现香港和新加坡的一些地区有相同的密度，但是香港有漂亮的街道、餐厅、咖啡馆，但是在新加坡的相同密度地区则非常无聊。为什么？原因就在于，新加坡的公寓既漂亮又宽敞，所以人们呆在公寓里，在家里休闲。而香港，公寓面积很小，人们更愿意到餐馆吃饭——这是另一件有趣的事情。如果你把公寓设计得很好，你可能最终会得到一个无趣的城市，但至少每个人都会很开心！（笑）几年前，我们参加了由新加坡国立大学组织的"亚洲垂直城市"竞赛。竞赛指定用地1平方千米，人口密度10万人。我们比较了一下曼哈

自给自足的城市（雅加达）

左图：海军部村庄（新加坡）

下图：皮克林宾乐雅酒店（新加坡）

顿、香港和新加坡的市中心的密度，证明四个曼哈顿、四个香港中心区或九个新加坡市中心加在一起，才相当于在1平方千米的土地上实现10万人口的人口密度。我们的方案是一个1平方千米的城市网格结构，人口密度约11.1万。这是一个垂直的"渗透性格子城市"，使用曼谷大都会公寓（The Met）的模块结构作为"城市支柱"，交错排列，以产生高度的渗透性，从而形成城市范围内的交叉通风，确保新鲜空气和自然光到达城市的每一个角落。

去年你们推出了家具家饰生活品牌WOHAbeing，这个品牌与你们的可持续建筑理念有关吗？

是的，有关系。有很多非常相似的地方。就我们的理念而言，我们确保使用可靠公司可持续生产的优质材料。另一方面是健康，健康和好的设计一样，是一个有意义的建筑的重要组成部分。最后，文化也是一个方面，可以在我们的家具中——不论用何种形式、技术或材质——强烈体现出来。我们为巴厘岛的一家酒店做了一系列的设计。我们对巴厘岛很感兴趣。巴厘岛即使是现代的建筑，仍有许多元素来自于12世纪和14世纪的印度，比如一些美丽的熔模铸铜或青铜元素。同时，我们对巴厘岛的殖民时期也很感兴趣。荷兰人在印尼建造了殖民建筑，留下了"装饰艺术"（Art Deco）。我们从所有这些当中汲取灵感，创造了一种新的风格，一种新的建筑和室内设计方法。

自然的呼唤

这里是冰岛著名的蓝色潟湖，又称蓝湖
（Blue Lagoon）。五星级的度假酒店
（**The Retreat**）坐落在湖边的熔岩之上，
带给客人一种独特的体验，让他们放松、
探索、自我更新

月球表面一样的景观；视线所及全是黑色的熔岩；抛入汪洋大海的冰川；蒸腾着热气的温泉水池，蒸汽缓缓消失在北冰洋的微光中……冰岛是一个孤独的、与世隔绝的地方，是那些真正热爱旅行的人的理想之所。在这里，你不可避免的要与原始的自然交流，这里的大自然表现出它最原始的所有力量。地热潟湖，是冰岛土地上最美丽的奇观之一。在那里你可以闭上眼睛，忘记自己。蓝色潟湖位于雷克雅内斯半岛，碧水如洗，富含二氧化硅、藻类和矿物质，是在800多年前火山爆发后形成的熔岩区中发现的。从今年开始，这里因其令人难以置信的恢复力和治愈力而成为备受欢迎的旅游胜地。度假酒店为有幸饱览当地奇景的游客准备了62间豪华套房，还有一家地下水疗馆。从酒店可以直接去往潟湖，远离人群。酒店配套设施齐全，包括冰岛特色苔藓餐厅（MOSS）、图书馆和瑜伽室。在这里，你可以把嘈杂的世界留在身后，进入一个永恒的放松、探索和静修之所。极简主义建筑和空

间体验设计分别由冰岛玄武岩建筑师事务所（Basalt Architects）和意大利设计集团（Design Group Italia）操刀，与当地的自然景观出奇协调，比如岩石裂缝、棕绿色熔岩上的苔藓。外部水泥经过处理，呈现不同的纹理和色调，使人联想到硅石的白和固化熔岩的灰，而俯视水疗区的客房，外立面和窗户则是深灰色，上面的穿孔让人想起岩浆岩的表面。甚至室内设计也受到了自然景观的造型、色彩和纹理的启发，水泥、岩石和熔岩与温暖的胡桃木相结合，其中包含了活跃空间的艺术元素，呼应当代艺术运动。由

此产生的风格是精致、永恒，这在冰岛奢华设计领域绝对是一种创新。B&B Italia为酒店各区域定制了所有的木制品和家具，以及酒店、餐厅、图书馆和康乐中心的装饰性照明。家具使用了来自意大利B&B Italia和Maxalto的产品，包括Mart扶手椅、Michel Club座椅系统和Maxalto Febo扶手椅。此外，各式椅子、配饰和咖啡桌丰富了套房的装饰，这也要归功于意大利设计集团专门为这家酒店设计的一系列定制家具。例如，熔岩石接待台、黑色漆木和琥珀色皮革，都是与冰岛几家专门加工火山岩的公司合作打造

所有者 Owner: Blue Lagoon Iceland hf
总承办商 Main Contractor: Jáverk
建筑设计 Architecture: Basalt Architects
空间体验设计 Experience design: Design Group Italia
室内设计 Interior design: Basalt Architects
and Design Group Italia
装饰 Furnishings: B&B Italia, Minotti
灯光 Lighting: Liska, Oluce, Vibia
浴室 Bathrooms: Axor
机电工程 Engineering: EFLA

·········

作者 Author: Antonella Mazzola
图片版权 Photo credits:
courtesy of Blue Lagoon Iceland

的。还有入口的大型木制餐具柜，一直延伸至大堂，仿佛是潟湖的边框。苔藓餐厅里，B&B Italia负责制作意大利设计集团设计的桌子，材料使用卡纳莱托胡桃木和黑色橡木，还有餐厅中央的C形桌，也是出自B&B Italia。冰岛艺术家拉格纳·罗伯茨托蒂尔（Ragna Róbertsdóttir）负责墙壁艺术造型，以极简美学的手法，重现了熔岩碎片。套房里，宽敞的开窗取代了一整面墙壁，消解了视觉边界，就连家具都与周围的自然环境完美匹配，体现在颜色上：二楼套房是绿色的，让人想起苔藓，而一楼套房则是蓝色，象征潟湖。康乐中心直接建在百年熔岩流中，辅以木质装饰元素和适当的照明，突出所用材料的不同质感以及墙壁上岩石本身凿出的雕刻效果。

所有者/酒店运营商 Owner & Hotel operator:
The Student Hotel Group
建筑设计/室内设计 Architecture & Interior design:
Rizoma Architetture, Studio Archea,
TSH Design Experience Team
装饰 Furnishings: Ahrend, Arper, De Vorm, Ethimo,
Hay, Ikea, Menu, Missana, Morentz, Muuto, Nanni Sald,
Ombrellificio Veneto, Ok Design, Pedrali, Ravasi,
Sottile, Vellardi,
厨房 Kitchens: Electrolux
灯光 Lighting: Gubi, Louis Poulsen
浴室 Bathrooms: Fonte Alta
乐器品牌 Musical instruments:
Roland, Stagg, Steinbach
· · · · · · · · ·
作者 Author: Manuela Di Mari
图片版权 Photo credits:
courtesy of The Student Hotel Group

非比寻常

共同生活，共同工作——酒店。学生酒店集团
（**Student Hotel Group**）旗下的这家酒店，为
全世界喜爱共享的人们而设。意大利第一家连
锁店选址在佛罗伦萨

学生酒店集团一直勇攀高峰。学生酒店目前已覆盖12座欧洲城市，并准备于2019年在博洛尼亚、马德里和柏林开设连锁店。预准于2020年覆盖的城市有巴黎、波尔图、罗马、佛罗伦萨（贝尔菲奥雷区）、代尔夫特和维也纳，2021年有里斯本、图卢兹、佛罗伦萨（曼尼法图拉塔巴奇区）和巴塞罗那。目标：未来五年内有65家连锁店遍布在欧洲各城市。集团的愿景是建立一个由学生、上班族和短期住客组成的国际"完全互联社区"，大家在同一个环境下共同工作和生活。这是一种基于"共享"概念的商业模式。2018年7月，学生酒店佛罗伦萨拉瓦尼尼分店开业。这是集团进军意大利的第一步，推出了该集团的"综合型概念酒店"的理念。酒店靠近市中心，地理位置优越。酒店的开业

也为这座建筑增色不少。这是19世纪中叶的一座建筑，佛罗伦萨人称之为"沉睡的宫殿"，酒店投资5000万欧元进行修复重建，这也是酒店创始人兼首席执行官查理·麦克格雷戈（Charlie MacGregor）引以为豪的地方。他表示："佛罗伦萨拉瓦尼尼分店超越了我们所有的期望，简直是太棒了！它是我们实践'社区'概念的完美范例。"重建工程的整个运作，包括家具和设计方案，是由多家公司共同完成的，由里佐马建筑事务所（Rizoma Architetture）、阿克雅工作室（Studio Archea）和学生酒店集团内部团队全程监理。酒店建筑面积为2万平方米，共390间客房，定制家具来自Modus。酒店功能区的规划根据目标客户群决定：50%是学生专用客房，45%是酒店客房，5%是短期住宿。设计团队保留了部分原有的元素，如大理石地面、壁画和雄伟的楼梯，辅之以现代元素。最突出的就是，在两栋楼连接的部分加建了一个钢和玻璃构造的结构。在这个部分，全球的"流浪者"可以租赁固定或非固定的办公桌或办

公室，为同一个合作项目协同工作。通透的外立面，轻松的色彩，营造出一种宁静而明亮的氛围，视觉上与酒店的其他部分连接为一个整体。人生活在环境中，环境是人的镜子，也是他们的需求的镜子。而这里的环境氛围充满活力和刺激，鼓励人们互动交流。从入口你就能感受到空气的清新，四个粉红色秋千悬垂在拱形通道下，仿佛随着思想的流动滴答作响。通道通向庭院，那里有常换常新的艺术作品。公共区域——从礼堂到书房，再到游戏室和音乐室——都是为多元文化交流而设计的，材料的使用非常多样：木头、软木、石材、皮革，搭配工业风格的金属网、搪瓷铁、瓷砖和树脂饰面，鲜明的对比效果令人眼前一亮。还有共享厨房，突出色彩和材质，配备伊莱克斯电器（Electrolux）。特色功能区包括：VIP游戏室，有一个可以俯瞰大教堂的私人阳台，家具陈设是孟菲斯和激进主义建筑风格。屋顶花园，连接着游泳池和酒吧，里面有各种奇花异草，还有Pedrali的椅子。OOO餐厅（"Out of the Ordinary"（非比寻常）的缩写）由佛罗伦萨著名的网红餐厅La Menagere的员工经营。如果住在这里的"数字土著"想要增加跟外界的联系，那么他可以方便地选择使用一辆学生酒店专用自行车，由阿姆斯特丹著名的Van Moof品牌设计，该品牌"驾驭未来"的理念与麦克格雷戈不谋而合。

互动式建筑与
未来办公

意大利都灵阿涅利基金会（**Agnelli Foundation**）的设计实践了"办公3.0"的概念——国际知名设计事务所CRA（Carlo Ratti Associati）为这个重建项目开发的设计概念。办公空间采用先进的数字技术，实现现代化协同办公，空间能够与人互动，满足人的各种需求

都灵阿涅利基金会历史悠久的总部大楼如今配备了"数字内核"。意大利CRA设计事务所负责这座建筑的翻新，运用"办公3.0"的概念，将其成功改造成一个与城市"对话"的建筑。改造后的总部大楼，是着眼未来的办公环境。3000多平方米的办公空间，借助"物联网"技术，能够实时感知并适应使用者的需求。这栋建筑面积6500平方米的大楼，得益于CRA的设计，在2017年再次成为阿涅利基金会的办公场所，延续了其"兼容并包"的美誉。新增的突出的玻璃结构，内部是一家咖啡馆，向公众和圣萨尔瓦多附近的居民开放。而古老的建筑结构部分，是菲亚特创始人乔瓦尼·阿涅利（Giovanni Agnelli）20世纪初的故居。在这个部分，设计师开了一扇天窗，照亮楼梯和艺术家奥拉富尔·埃利亚森（Olafur Eliasson）的万花筒装置艺术。建筑外部，是法国景观设计师路易·本尼奇（Louis Benech）设计的果园和绿地，所以人们也可以在室外工作，与自然融为一体。人与人之间的互动是"办公3.0"概念的核心，既克服了"前互联网时代"工作空间的局限性，又解决了工作与家庭的隔离问题。麻省理工学院敏感城市实验室主任、CRA创始人卡洛·拉蒂（Carlo Ratti）表示："将数字技术整合到物理空间可以改善人与人之间以及人与建筑物之间的关系，也有助于培养创造力。"建筑内安装了数百个传感器（意大利西门子产品），监测每个房间的温度、二氧化碳浓度和会议室

委托方 Client: The Agnelli Foundation
建筑设计 Architecture: Carlo Ratti Associati
技术开发 Technical Development:
Siemens Italia - Building Technologies
景观设计 Garden Design: Louis Benech
咖啡厅设计 Café Design: Simmetrico
基金会办公空间室内设计
Interior Design of the Agnelli Foundation offices:
Natalia Bianchi Studio
灯光 Lighting: 3F Filippi, Davide Groppi
历史顾问 Historical consultancy: Michele Bonino

· · · · · · · ·

作者 Author: Silvia Airoldi
图片版权 Photo credits: Beppe Giardino

的可用性，并对办公人员及其在空间中的移动进行定位。每个人都可以用个性化的控温和照明来创建自己的工作区，或者也可以订一个空闲的工位。他们所需要做的就是使用一个与楼宇管理系统（BMS）相连的APP应用程序。不会再有浪费：使用者离开房间时，系统进入节能待机模式。大楼由人才园联合网络公司（Talent Garden）管理，致力于探索协同办公空间的实验和技术，而阿涅利基金会将继续其教育和培训事业。这栋建筑注定将成为都灵的文化新地标。

数百个传感系统已安装于该建筑内以监控每个房间的温度、二氧化碳浓度、会议室可使用情况和确定人们在该空间内的地理位置。

时光存储器

穿过宽阔的庭院，步入帕凯酒店（**Hotel Pacai**）套房的大门，你几乎可以触摸到立陶宛大公爵的世界。在这里，他优雅的巴洛克风格与现代艺术完美融合

看着拿破仑或沙皇亚历山大一世曾经欣赏过的同一幅画或者同一件艺术品，会是什么感觉？你可以在帕凯酒店的104间客房中找到这种感觉。酒店位于维尔纽斯市中心——立陶宛建于中世纪的首都——下属于波罗的海地区领军的酒店品牌"设计酒店"（Design Hotel™），其名称来自于帕凯家族——17世纪下半叶立陶宛最大的贵族之一。1667年，帕凯家族的成员之一帕卡斯（Mykolas Kazimieras Pacas）买下了两座相邻的建筑，并将其改造成维尔纽斯最富丽堂皇的住处。建筑师团队，包括绍柳斯·米克斯塔斯（Saulius Mikštas）和当地设计师，热情参与了这项翻新工程。设计突出了建筑的历史，仿佛它是一个时光存储器。宽敞的庭院唤起周围建筑的古老氛围。还保存了大量原始建筑细节，包括拱门、壁画和墙绘。许多用水泥封住多年的门都重新打开了。宏伟的楼梯、雕像和许多历史遗迹都仔细地纳入了新的设计。建筑增加了两层（原来是五层），再造了一个巴洛克式屋顶。每间套房和客房都有自己的风格和特点。有"贵族套房"，粗粝的墙面和外露的墙砖反衬了家具的优雅。有"伯爵夫人客房"，保留了古老的木梁。其

他房间里有壁画和其他精致的装饰。客房配色从蛋壳色到浅灰色，到鼹鼠棕，再到更深的色调。公共空间以深灰色和蓝色为主。酒店也不忘讨好客人的味觉。哥本哈根诺玛餐厅（Noma）联合创始人、美食企业家克劳斯·迈耶（Claus Meyer）在这里尝试了他提出的"波罗的海新美食"的概念。"14匹马"小餐馆（14 HORSES）主打立陶宛和波罗的海传统菜肴。索非亚酒吧（SOFIJA）供应经典和现代鸡尾酒、啤酒和手工自制酒，当然还有来自世界各地的香槟和葡萄酒。此外，酒店里还有一家健身房、两个会议室、一家豪华手表店以及一家水疗中心。

开发人员 Developer: JSC Contestus Projects
总承办商 Main Contractor: JSC Conresta
酒店运营商 Hotel operator: JSC Blendas
建筑设计 Architecture: Saulius Mikštas
室内设计 Interior design: YES. design.architecture,
Indre Barsauskaite, Greta Valikone
灯光 Lighting: bespoke design in brass and glass; Delightfull
装饰 Furnishings: Cane-Line, Ditre, Hastens, Restoration Hardware,
Scolaro-Parasol. A lot of local production.
Natural stone tables manufactured locally
浴室 Bathrooms: Grohe, Laufen, Kaldewei, natural stone finishes

· · · · · · · ·

作者 Author: Francisco Marea
图片版权 Photo credits: courtesy of Design Hotel ™

宝格丽：
意式风情，
如珠似宝

迪拜宝格丽度假公寓酒店（**Bvlgari Resort Dubai**），坐落在朱美拉湾岛——迪拜的"海蓝之港"，通过一条300米长的大桥与市中心相连。设计师选择了纯正的意大利风格，不掺一丝杂质

迪拜宝格丽度假公寓酒店由米兰建筑设计公司ACPV合伙人事务所（Antonio Citterio Patricia Viel and Partners）操刀设计。酒店位于海马形状的一片填海人工岛上，堪称度假的天堂。酒店建筑面积15.8万平方米，主打极致奢华的风格。这个项目规模究竟有多大？想象一下吧：建筑群包括度假酒店、6栋住宅楼、173套公寓和15栋私人住宅。单就度假酒店而论，有101间客房和套房，20栋宝格丽别墅，配备游泳池，坐拥海景，此外还有许多餐饮和便利设施，包括由三星级厨师Niko Romito设计的Il Ristorante餐厅、Il Bar & Il Caffè酒吧咖啡厅，还有Il Cioccolato精品店、带澡堂的宝格丽水疗馆、室内游泳池、健身中心、美容院、美发沙龙、私人码头（50个停泊位）以及世界上第一家宝格丽游艇俱乐部。宝格丽度假酒店的设计理念是将意大利风格与宝格丽奢华融为一体，最终形

成一种独特的设计，渗透到每一个细节，从大理石浴缸到雕刻门把手。设计师选择了浅淡的中性配色，与意大利大理石完美搭配——该项目使用的主要材料，在迪拜的强光照射下显得尤为高贵。光影的变化也是酒店的一大特色，珊瑚图案的独特遮阳板，喻指海洋与波斯湾，同时也构成了对阿拉伯文化的暗示。"建筑立面呈现出水平线的叠加，珊瑚图案的遮阳板，有如瓷器般闪亮，在外立面上形成生动的光影图案，但

不会与酒店裙楼立面上的白色大理石混淆，大理石上布满了黑色和金色的蔓藤花纹。通透的外立面，再加上巨大的滑动门，实现了建筑物完美的可视性。"由于开窗很大，套房"淹没"在迪拜明媚的光线中，而遮阳板和亚光白色涂漆钢护板在向传统阿拉伯建筑致敬的同时，也为阳光之中带来阴影的变化。所有公共区域和客房均是"意大利制造"，通过与意大利品牌（包括Maxalto、Flos、Flexform、B&B Italia）

该度假村的设计概念以意国精神和宝格丽奢华气派为基础，带来极尽华贵的设计，从大理石浴缸到精雕细琢的门柄，完美体现于每一个细节

委托方 Client: Bvlgari
开发人员 Developer: Meraas
建筑设计/室内设计 Architectural and interior design:
Antonio Citterio, Patricia Viel
灯光设计 Lighting Design Concept: Metis Lighting
装饰 Furnishings: B&B Italia, Flexform, Maxalto
灯光 Lightings: Flos
织物 Fabrics: Enzo degli Angiuoni
. . . .
作者 Author: Agatha Kari
图片版权 Photo credits: courtesy of The Bvlgari Resort Dubai

合作打造而成，与众不同。客房和套房均采用优质橡木饰面、丝质包墙和柔软的Beni Ourain摩洛哥地毯，柏柏尔传统与意大利优雅完美结合。"设计师希望创造这样一种酒店理念：以意大利风格为客人提供顶级的舒适、便利和服务。"套房四周是面向波斯湾的露台，所有套房都配有按摩浴缸、宽敞的起居空间、全部采用意大利大理石的浴室、独立的卫生间以及工作空间。所有20栋别墅都弥漫着一种"家"的感觉，可以欣赏白色沙滩和花园的风景，非常适合私人聚会或公司活动。

罗马的精神

万神殿罗马酒店（**The Pantheon Iconic Rome Hotel**）位于罗马古老的市中心区。在建筑的翻新重建中，传统与现代相结合。它是马可·皮瓦工作室（**Studio Marco Piva**）手工雕琢的一颗钻石

对于一名建筑师来说，在罗马中心这样独特的而神圣的地方做设计并不容易。这意味着你要在有着丰富的历史沉淀的建筑上开展设计，重新诠释那些有历史意义的建筑元素，同时这些元素也是现代周围环境的一部分。尽管项目环境充满挑战，马可·皮瓦工作室依然能够游刃有余地进行精致的设计。首先，设计师选定了设计的主题：罗马之光。罗马之光随着它照耀的一切而变化着。这个主题决定了设计师在造型、饰面和配色上的选择。马可·皮瓦与帕西尼建筑工作室（Pacini Building Workshop）合作，完成了万神殿罗马酒店的翻修。这是万豪旗下的一家面向国际客户的五星级酒店。随着酒店的重新开业，这栋建筑也恢复它原来的功能。事实上，最初这就是一家酒店，后来成了意大利共和国参议院办公室下属的宾馆。从规划阶段到竣工，仅用11个月就完成了，这其中还包括仔细的历史调查、修复和翻新的过程以及细致的室内设计。酒店的设计是一种当代风格和传统风格的无缝衔接，摆脱了所有的陈词滥调。六楼的露台设计成一个平静和放松的地方，远离了城市中的旅游狂热。79间客房以及其他配套功能区分布在五个楼层，设计师在配色上花费了很大心思。利用不同的材料和颜色组合，将具有强烈造型感和情绪渲染力的元素（比如经过修复的原始拱门）融合在一起，发挥设计师的

所有者 Owner: Trophy Value Added
开发人员 Developer: DeA Capital Real Estate SGR
总承办商 Main Contractor: MDM
酒店运营商 Hotel operator: Unica Collection
(Pacini Building Workshop),
"The Autograph Collection" Marriott Group
建筑设计/室内设计 Architecture/ Interior design:
Studio Marco Piva
装饰 Furnishings: Antonacci Design, Atmosphera,
Brand Glass, Divania, Mandelli, Minotti,
Riccardi Bronzista, Sealing Porte, Simmons,
Smart Ice Italy, Tempotest
厨房/酒吧 Kitchens & Bars: Grossiproget, Zanussi
灯光 Lighting: Artemide, Puraluce
浴室 Bathrooms: Arca Mobili, Caleido, Duravit,
Fir Italia, Galassia, Geberit, Jacuzzi,
Treesse, Victoria + Albert
机电系统 Systems: Adolfo Latini, Aquilanti,
Glt, Kone, Urmet
地面/墙面 Floor and surfaces: Atmosphera,
Casalgrande Padana, Ege, Ecocontract, Florim,
I Conci, Listone Giordano, Margaritelli, Oikos
窗帘/织物 Curtains & Fabrics: Rubelli

. . . .

作者 Author: Manuela Di Mari
图片版权 Photo credits: Andrea Martiradonna

创造性，赋予每个楼层独特的个性。设计师着意凸显材料的质感，给客人一种生活在精致的罗马贵族宫殿的感觉。于是，在这里，你可以看到石头、青铜、地板上的大块抛光黑瓷石、接待台和大堂吧台的金色卡拉卡塔大理石、覆盖客房护壁板的皮革、纹理清晰的木材和拉丝黄铜装饰等元素。此外，浴室里有红色的勒班托大理石和玻璃，突出了不远处的万神殿的罗马古典风格。许多装饰元素都是由马可·皮瓦工作室自己设计的，由帕西尼工作室选择的值得信赖的当地工匠制作。此外，还增加了专为这家酒店创造的绘画和工艺品，这些艺术品再次强调了建筑的历史意义。意大利制造的一系列知名品牌的产品，以现代奢华丰富了各种空间。值得一提的是照明品牌Artemide，他们与马可·皮瓦工作室合作，共同打造了尊贵大气的照明，包括建筑照明和室内照明，都有一种厚重感。设计中不仅用到了该品牌的系列产品，而且还根据设计环境的特点专门创造了定制品，比如一套特殊的LED照明系统。该系统以几何方式覆盖了一楼的整个区域，呼应了古典建筑的构成原则。你准备好被罗马精神征服了吗？

北欧疯狂

米其林二星餐厅；四次获评"全球最佳餐厅"；在不同国家设有七家分店并且总是"售罄"状态。这一次，哥本哈根诺玛餐厅（**Noma**）改变了外观、地点和经营方式，变身为一间"实验工厂"。这要归功于餐厅创始人兼主厨雷泽佩（René Redzepi）对大胆创意抱有无限热情，还有BIG设计公司（Bjarke Ingels）和大卫·瑟斯鲁普工作室（David Thulstrup）贡献了创造性的设计

哥本哈根诺玛餐厅的主厨、老板雷泽佩从未对自己的成就感到完全满意，尽管他的成就有目共睹。相反，他总是热衷于尝试新的探索。一次惊艳容易，保持惊艳却并不容易。比亚克·英格斯和他的BIG设计工作室也是如此。从来没有一个缩写词能如此恰到好处的贴切——BIG的确够"大"胆，它已经成为创新和实验的代名词。也许正是由于这种"不满意"而萌发的冲动，他们才有了共同的命运。另一位合作伙伴，大卫·瑟斯鲁普，一位不走寻常路的设计师、建筑师，也加入了这个团队。这三个人最近成功将现代和传统、新颖和美观浓缩成一个真正原创的理念，让我们大开眼界。

这个项目面临的挑战是关闭一家屡获殊荣的餐厅，将其迁到市郊，靠近17世纪的古老城墙，打造一种雷泽佩喜欢称之为"村庄"的经营模式：占地约1290平方米，可以打造丰富的生物多样性，美食主打北欧传统风味，可以探索更多烹饪的可能性，有时甚至可以相当"激进"。诺玛餐厅的升级版，"诺玛2.0"，由11栋单体建筑构成，建筑设计全部由BIG操刀，每栋建筑都有自己的特点，在材料的使用和功能的分配上区分开来——餐厅、入口、等候室、私人用餐区……这里原来有一栋混凝土建筑，以前是军需品仓库，现在改造成厨房、发酵室和员工室。所有的建筑都有独属于自身的强烈的个性，构成一个整体的建筑群之后，这种个性就显得更加令人瞩目。这些建筑让人想起古典的乡村农场，周围是茂盛的植被，还有湖景，大卫·瑟斯鲁普通过巧妙的室内设计手法，以诚实、简单而又现代的方式"处理"了湖景，借用但又不会破坏湖景。雷泽佩表示："像建筑一样，室内设计也必须尊重项目所在的地点。"BIG与瑟斯鲁普联手完成的这个项目，毫无疑问使用了北欧设计，一种斯堪的纳维亚设计语言，却完全不是那种千篇一律的北欧风格。在他们的设计中，材料是关键，材料的使用让结构元素和家具似乎融合在一起。比如，通过材

11栋建筑，风格肖似古典乡村农场。BIG与瑟斯鲁普工作室联手打造的典型的斯堪的纳维亚设计语言，却不是常见的那种千篇一律的北欧风格

所有者 Owner: NOMA
建筑设计 Architecture: BIG
室内设计/照明设计 Interior and lighting design:
Studio David Thulstrup
装饰 Furnishings: designed by Studio David Thulstrup,
custom made by Brdr. Krüger;
Malte Gormsen, Maruni, Nikari
厨房 Kitchens: designed by Studio David Thulstrup,
custom made by Maes Inox; Dornbracht
灯光 Lighting: designed by Studio David Thulstrup,
custom made by XAL; Anker & Co, Jørgen Wolff,
Jonas Edvard, Wästberg
餐具 Tableware: Christine Rudolph, Nina Nørgaard
天花/墙壁/地面 Ceilings, Walls, Flooring: Dinesen,
Peter Bendtsen, Petersen Tegl, Pettersen & Hein
窗帘/织物 Curtains and fabrics: Astrid, Audrey Louise
Reynolds, Kasthall, Kvadrat, La Maison Pierre Frey,
Ragnhild Højgaard, Sørensen, Tarnsjö
艺术作品 Artwork: 'Conscious Compass', 2018,
Olafur Eliasson; 'Untitled - Relief #7', Carl Emil
Jacobsen; 'Untitled,' 2016-2017, mould on wood,
Silas Inoue; Commissioned plinth, Pettersen & Hein;
Commissioned guest bathroom mirrors,
Jenny Nordberg; TBA Tomás Saraceno

. . . .

作者 Author: Petra Ruta
图片版权 *Photo credits: Irina Boersma, Jason Loucas*

料的"伪装"，抽屉隐藏在装有橡木镶板的墙上，用25万颗看不见的螺丝固定。主餐厅有一根木梁，是在港口周围地区发现的，有200年的历史，已经发黑了，设计师并未对其进行任何处理，就以这种真实的状态用作中央吧台。休息室里粗粝的瑞典花岗岩咖啡桌也是一样。厨房，雷泽佩故意选择开放式布局，"这样它的能量就可以传递给用餐者"，是细木工艺的

展示间，装饰和配件全部采用橡木（包括把手），由瑟斯鲁普设计，Maes Inox制造，而不是用传统的不锈钢材质。大多数家具都是专门设计、定制的，许多工匠和制造商参与其中，很多都是当地企业，比如专注于生产木地板的Dinesen。桌椅由雷泽佩和瑟斯鲁普共同设计，是对北欧传统的一种现代诠释。椅面和靠背使用的编织纸绳由家族企业Brdr. Krüger

生产。照明系统很简单，由大卫·瑟斯鲁普工作室和澳大利亚XAL公司共同设计。餐具也是精心制作的定制品。丹麦玻璃艺术家尼娜·内高（Nina Nørgaard）设计并制作了2000个手工吹制的玻璃器皿。五名陶艺家组成的团队手工制作了各种餐桌器皿（超过6000件），根据季节来更换。如果你想走进"诺玛2.0"简陋却不失迷人的大门——让你有脱下鞋子，像回到家里一样放松的感觉——那么马上预订吧！等候名单很长的！

预备，开始！
Action！

悉尼派拉蒙影业酒店（**Paramount House Hotel**）所在的建筑，前身是派拉蒙影业公司的总部。于是，"戏剧化"是这里的核心。经过澳大利亚"呼吸建筑"设计公司（**Breathe Architecture**）的改造，现在它有了新的任务：招待

戏剧化的感受和电影布景一般的设计贯穿所有空间。在悉尼派拉蒙影业酒店，到处都回响着过去的声音——派拉蒙影业公司总部的声音。派拉蒙影业总部就在这座位于联邦大街上的建筑里，周围是繁华的萨里山街区。80年来，这里一直是派拉蒙旗下许多工作室的所在地。当地建筑师福克斯·约翰斯顿（Fox Johnston）曾对这栋建筑进行过为期9年的修复重建，使之与邻近的一栋仓库连接。现在，重建工作由墨尔本"呼吸建筑"的设计团队接管。应业主要求，设计师将约翰斯顿扩建的最后两层楼改造成了一家酒店。业主有明确的指示："我们希望保持

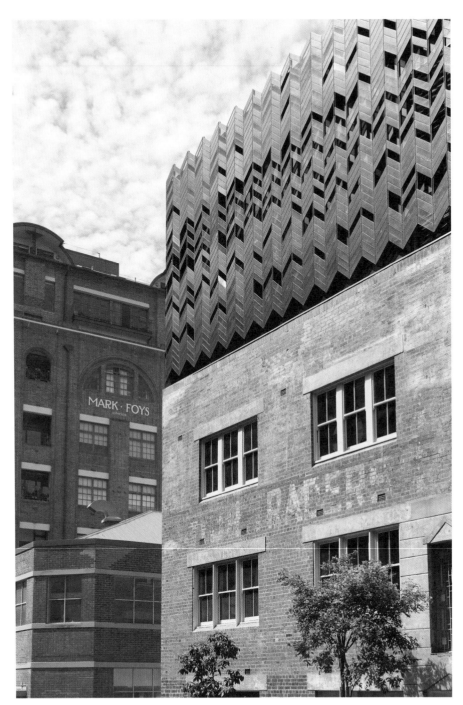

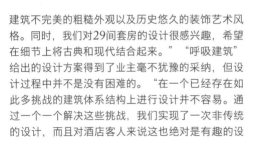

建筑不完美的粗糙外观以及历史悠久的装饰艺术风格。同时，我们对29间套房的设计很感兴趣，希望在细节上将古典和现代结合起来。""呼吸建筑"给出的设计方案得到了业主毫不犹豫的采纳，但设计过程中并不是没有困难的。"在一个已经存在如此多挑战的建筑体系结构上进行设计并不容易。通过一个一个解决这些挑战，我们实现了一次非传统的设计，而且对酒店客人来说这也绝对是有趣的设

开发人员 Developer: Nil
酒店运营商 Hotel operator: Paramount House Hotel
建筑设计/ 室内设计 Architecture & Interior design:
Breathe Architecture
历史顾问 Heritage consultant: Urbis
品牌战略 Brand strategy: Matt Vines Consulting
装饰 Furnishings: Jardan, Loom,
Something Beginning With, Stump Co.
灯光 Lighting: Anaesthetic, Artemide, ISM Objects,
Special Lights, Volt Lighting
浴室 Bathrooms: Caroma, Consolidated Brass, Reece,
Roca, Wood and Water. Custom-designed joinery.
Custom steel accessories. Custom-designed mirrors
made by Middle of Nowhere
图像 Graphics: The Company You Keep

· · · · · · · ·

作者 Author: Manuela Di Mari
图片版权 Photo credits: BowerBird

计。"第一个吸引眼球的非传统元素是建筑立面。以人字形排列的一系列铜质嵌片界定出酒店的扩建部分，从视觉上将其与下方原有的砖砌部分分离。这种戏剧化的设计，旨在表现"电影的黄金时代"的精神。室内各个空间贯穿了同样的主题。在接待室/休息室，一部分墙面采用金属覆层，这部分从前是用来储存电影的储藏室。客房里，对比更明显。砖墙与温暖的木地板和裸露的混凝土天花板相结合。甚至浴室里也延续了冷热的视觉对比：木制浴缸和陶土地面相结合。许多套房都带有绿化露台，用玻璃和金属隔板隔离。色彩的"爆炸"来自家具和织物元素，颜色有橙色、森林绿、深蓝等。建筑师表示："比起为每间客房设定一个主题，我们更想强调舒适性、灵活性和诱人的触感。"酒店工作人员自豪地表示："我们的客房集中体现了一种延续至今的传统。住在这里不仅是客人，更是朋友。"

最后的佛教王国

这不仅仅是一个项目，也是一次旅行，一次穿越不丹深厚传统文化之旅。作为世界上最偏远的国家之一，不丹几乎完好地保存了它的传统文化。安缦科拉度假村（**Amankora**）包含五家奢华旅馆，为您带来探索"雷龙之地"的定制之旅

安缦科拉度假村的名字源于两个词："安缦"（aman），该词在梵文中的意思是"和平"；"科拉"（kora），在不丹语中表示"朝圣"。五家旅馆分别命名为"帕罗"（Paro）、廷布（Thimphu）、岗提（Gangtey）、普纳卡（Punakha）和布姆昌（Bumthang），位于不同的海拔高度上，由澳大利亚建筑师克里·希尔斯设计（Kerry Hills，在珀斯和新加坡设有工作室）。五家旅馆象征了一次环形朝圣之旅的不同阶段。出于对周围环境、当地传统和所用材料的绝对尊

重，建筑师在设计中将文化保护和安全放在首位。所用材料中有两种是乡村常用的传统材料——泥和石头，建筑师选择使用经过固化的土块，而不是直接用泥，以提高地震易发地区的安全性。度假村共有72间套房，现代的设计与质朴的材料形成奇妙的融合，营造出优雅而温馨的氛围。卧室里配备特大号床，开窗采用座椅式设计，可以坐在窗边，欣赏喜马拉雅山峰的壮丽美景，还有传统的烧木头的炉子。帕罗旅馆建在海拔高度2250米的地方，是所有旅馆中规模最大的，也是"朝圣之旅"的起点，因为靠近机场。这

所有者 Owner: Aman
总承办商 Main Contractor:
Lakhi Construction (Paro, Gangtey),
Singhe Construction (Thimpu, Punakha),
Bhutan Builders (Bumthang)
建筑设计/室内设计 Architecture & Interior design:
Kerry Hill Architects
当地建筑设计方 Local Architect:
Gandhara Design Thimpu Bhutan
········
作者 Author: Francisco Marea
图片版权 Photo credits: Courtesy of Aman

家旅馆最大的特点是墙壁上使用木材，并且在24间套房中使用黑色钢板。客厅采用落地窗设计，打开视野，可以看到户外的乔松、17世纪的防御要塞德鲁克雅-宗（Drukgyal-Dzong）以及海拔7300米以上的乔莫哈里山（Mount Jhomolhari）。廷布旅馆建在海拔高度2350米的地方，位于首都莫提塘区（Mo-tithang）的一片乔松林中，设计风格借鉴了当地防御要塞（广泛分布于不丹，是一种宗教、军事、行政和社会中心），包含若干栋白石建筑，16间套房分布其中。尽管离首都景点和商业区最近，但廷布旅馆仍然是一片远离喧嚣的宁静之所，有一个露台，可以轻松看到溪流和森林。普纳卡旅馆建在海拔高度1300米的地方，游客经过莫湖河（Mo Chhu River）上方的悬索桥来到这里。这里有一栋传统风格的不丹住宅，从前由一位寺院主持建造，目的是为了守护周围的稻田。普纳卡旅馆由三座黏土建筑构成，共包含8间套房，从套房里可以欣赏到橘园和水稻梯田的景色。建筑都是三层结构，融入周围的环境中，自成一景。墙壁上绘有古老的植物染料画。餐厅在一楼，楼上是休闲娱乐区，还有一间用于祈祷和冥想的传统祭坛式的房间。岗提旅馆建在海拔高度3000米的地方，有8间套房，位于一个自然保护区内，俯瞰岗提

寺（Gangtey Goemba）——建于16世纪的一座修道院，位于富毕卡山谷（Phobjikha Valley），这里风景如画，但一直以来很少有人到访。客厅和餐厅共享同一个空间，配备公共用餐的大桌子，通透的大开窗可以俯瞰山谷。布姆昌旅馆建在海拔高度2580米的地方，入口在前皇家运动场旁边，射箭是这里的传统运动，延续至今。建筑周围是苹果园，还有梨树。布姆昌旅馆由16间套房组成，分布在四个独立的建筑结构中，每栋建筑都是一楼两间套房，二楼两间套房。离图书室和起居室不远，便是皇家餐厅。天花板很高，还在庭院里的树荫下设置了室外用餐区。这五家旅馆提供许多休闲娱乐活动，从水疗到身体护理，使用植物、喜马拉雅草药和热疗法，此外还有更多运动型的活动，如徒步旅行和自行车骑行等，让游客充分享受令人叹为观止的美景。

木雕壁炉架，从伦敦定制的德尼尔哈姆林三层吊灯（Dernier & Hamlyn），让餐厅特色鲜明。

班达克湖岸上矗立着一座木瓦板表皮的建筑。陡峭的山坡深入到湖水中，形成令人惊叹的美景。薄雾轻轻拂过水面。这是Telemark运河公园与当地政府部门合作开发的一个项目，是当地"水路传说"改造规划 的一部分。

Equipment, Coffee and Food
41st International Hospitality Exhibition

October 18_22, 2019 fieramilano

Corona Monogram.
The story behind:
when the initials become a sign

Corona Monogram collection offers the possibility to customise with your initials a perfect table set.
Available in three refined hues - gold, platinum and blue - it combines perfectly with the other
Richard Ginori collections to create an exclusive mix of white and decorated tableware.

Nothing could be more beautiful; nothing could be more personal.

Visit our website **richardginori1735.com**

Richard
Ginori
1735

Made in Italy

精选内容
Monitor

里乔内 | THE BOX 酒店 | WALL&DECÒ

它仿如一个盛满着惊喜的盒子。这间酒店流露强烈的20世纪50年代风格。想象力和形态这两个关键元素为里乔内The Box酒店带来了设计风格的灵感，随着时移势易，现在却成为了酒店全新翻新改造项目下的怀旧元素。玩味十足的风格，配以广泛使用的装饰品和Wall&decò公司设计的个人化壁纸。酒店经过翻新后，每一个楼层都呈现出强烈和别具一格的个性，从几何图案装饰到充满强烈视觉冲击和吸引力的欧普艺术质感，亦为酒店通道塑造了鲜明的个性。

米克诺斯岛 | BILL&COO酒店 | ETHIMO

像米克诺斯岛全新的Bill&Coo套房酒店这种独特的地方，肯定不会影响到基克拉迪群岛迷人的氛围。岛屿的魔力，大自然与色彩的融合，完全体现在精心设计的室内空间，在传统和现代风格之间找到恰到好处的平衡点。于石砖墙壁和采用绳子拼接而成的独创性天花装饰之间，Ethimo家具的地中海风格和现代风格与这座独特建筑完美结合一起。由Patrick Norguet设计的Knit系列扶手椅和餐桌，是酒店泳池边的餐厅内引人注目的主角，采用天然柚木为家具主体，搭配采用舒适的扁绳编织而成的坐位，这种Ethimo品牌独有的熔岩灰色编织绳子有极出色的抗晒性和抗盐性。完美的品质和出色的细节让这间奢华的酒店成为立鼎世酒店集团的尊贵成员。

图片 © Bill & Coo Coast Suites Mykonos

波利尼亚诺阿马雷 | MASSERIA LE TORRI 酒店
TALENTI

历史悠久的Masseria-Le-Torri酒店经过翻新，并细心保留了该处独特的风格和本地的建筑工艺，重现昔日17世纪的壮丽面貌。酒店环境的间隔保留原来的功能性和合理性，而室内和室外空间的调整亦符合整体景观的最大和谐感。酒店建筑外部的游泳池四周有干墙和广阔的绿色空间围绕。池畔、中央庭院和房间阳台皆摆放有Talenti品牌的户外家具，以一致性的乳白色调和富现代风格的东方色彩，搭配简约线条和创新性物料，打造高尚雅致的环境。Touch系列的椅子、躺椅和矮桌采用带白色涂料的铝质结构和特斯林网布制成，搭配Apollo系列的阳伞。由Marco Acerbis 设计的Cleo//Alu系列家具与Maiorca系列的餐桌则点缀着酒店庭院。

奥斯陆 | 奥斯陆机场 | *ZUMTOBEL* 奥德堡

奥斯陆机场正进行扩充工程，于2017年4月已正式启用二号航站楼，三号航站楼仍在施工阶段。Zumtobel奥德堡集团(ZGS)负责该工程的照明系统，它是近年来最具规模的工程之一。工程使用超过21,200个Zumtobel和Thorn品牌LED照明装置，这些装置带有Tridonic技术，能提供紧急照明方案和照明控制系统，总投资金额达500万欧元。作为提供照明技术解决方案的领先公司，Zumtobel奥德堡集团的Skyscanner 系统能持续记录进入的太阳光线，从而调整亮光，让人造光和自然光之间达到一个恰到好处的照明组合。

马略卡岛 | CAP ADRIANO别墅 | MINOTTI

Cap Adriano别墅在马略卡岛上散发着的纯美的气息。这个建筑项目由Gras Reynés Arquitectos建筑事务所设计，并由Terraza Balear公司负责室内设计，旨在将大自然四周充满丰富生命力的美态淋漓尽致地展现出来。首先是别墅宽敞的开放式空间，将海洋和波光粼粼的景致融入生活，将马略卡岛上令人叹为观止的风景尽收眼底。在这里可以舒适地坐在Minotti品牌的家具上感受微风和盐分扑面而来，Minotti的家具以柔和舒适的自然色调为主，采用手工精致的编织面料制成。整个占地面积为800平方米的别墅里都选用了Minotti家具，这个居所设有6个卧室、6个卫生间、3个起居室、一个健身室和一个室外游泳池。别墅独具魅力的个性完美体现于设计优雅的定制家具配件，罕见的木材和石材物料，丰富多姿的色彩和美轮美奂的岛屿景观。

///

摄影 © Mauricio Fuertes

伦敦 | ARTILLERY MANSIONS公寓
HI-MACS®

于20世纪90年代兴建，位于伦敦西南区的Artillery-Mansions公寓最近由FORM建筑事务所进行改造翻修，旨在为整座建筑增加空气流通性和可用性，以及恢复其现代感。HI-MACS®充分参与该改造翻修项目，在其中一间公寓的中央位置采用基本的Alpine White白色人造石元素来区别和分隔不同的家居区域，这个中央模块结构的内部隐藏有一个实用的家居办公空间，内设一个由固体表面材料打造的办公桌和书架以及LED照明灯，这样使之前昏暗和极少被使用的通道变得明亮起来。不仅如此，浴室亦以灰色的马赛克玻璃砖块翻新，与地板的花旗松和落叶松白色杉木形成对比。翻新的成果：空间经过重新配置后带来全新风格和家居活动。

摄影 © 布鲁斯·赫明/迈克·尼尔（Bruce Hemming / Mike Neale）

哈尔基季基半岛，欧拉努波利斯 | EAGLES别墅
CERAMICHE REFIN

40座奢华的Eagles别墅位于希腊南部，设有私人恒温泳池和可以观赏到哈尔基季基半岛欧拉努波利斯市镇的海湾风光，成为了半岛上最享有盛名的渡假酒店之一。建筑师和室内设计师Fabienne-Spahn精心打造每个细节，旨在对环抱别墅四周，美不胜收的地中海园林表示敬意。在选用的多种风格之中，以Ceramiche-Refin品牌Fossil Brown系列60厘米×60厘米炻瓷物料制成的地板，被用于装饰别墅门厅、室内公共空间、酒吧和酒廊以及餐厅的地面。该系列地板上的的图案由Kasia Zareba设计，重新呈现在岩石形成过程中植物和动物留下的原始痕迹，这个设计是公司创意实验室的成果，带来了前所未有的正式和技术性解决方案。

孟买/特朗普大楼 | *BOCA DE LOBO*

宏伟壮观的印度孟买特朗普大楼，经过新加坡的Hirsch Bedner Associates (HBA)室内设计公司精心翻新。设计公司选用充满现代风格的Boca De-Lobo品牌大大满足了买方特朗普品牌对细节、品质和完美性的高度要求。门厅为整座大楼的瞩目焦点，一系列精心挑选的设计家具相互搭配，营造出仿如海洋一样的视觉感。蓝色地毯带有丰富的深浅效果和不规则的边缘，精致的垫子和美轮美奂的扶手椅，最能引人注目。另一夺目之作是带有强烈艺术感的Lapiaz椭圆形中央矮桌，它的形态仿如在断裂的岩面地形露出了金色的岩浆一样。它采用光亮的黄铜和不锈钢制成，呈现极致的奢华感。

莫斯科 | 阿拉瑞特柏悦酒店(ARARAT PARK HYATT) | GIORGETTI

好的家具布局能够打造具有独特个性的室内空间，比如设计得非常优雅的阿拉瑞特柏悦酒店，它位于莫斯科中心地带，与波修瓦剧院、红场和克里姆林宫、艺术剧院和音乐学院只有数步之遥。Giorgetti 室内设计公司参予了该酒店的现代化翻新项目，更特别使Neglinka酒廊焕然一新，旨在让顾客体验真正的意大利生活方式。该酒廊与酒店门厅同一个楼层，四周被优雅的玻璃阶梯环抱，更欢迎非酒店住客，供应高级的咖啡室服务和轻便餐。该酒廊采用Giorgetti品牌的标志性家具，比如线条轮廓令人印象深刻的Progetti系列，还有公司全新设计的商标采用了由玫瑰木制成的扶手造型，使人联想到一根手杖。舒适的Mobius扶手椅和充满几何线条感的Oti圆桌，亦为酒店门厅营造一种优雅的氛围。

斯德哥尔摩 | 国立博物馆 | ARTEK

一个大型和历时长久的重建项目使位于斯德哥尔摩的国立博物馆的私人和公共空间完全焕然一新。这座新经典风格的建筑收藏着整个北欧地区最重要的艺术作品。负责设计这个项目的建筑师Joel Sanders和Kardorff Ingenieure Lichtdesign照明装置设计工作室，自16世纪至今，带来了一个开放式和平易近人的博物馆，馆内大大小小的阶梯上皆能找到艺术作品的踪影。博物馆餐厅的室内空间和楼面由TAF Studio设计，选用的Artek品牌Atelier椅子是从建筑师Sven Markelius多年前的椅子作品获取灵感。这款造型修长而纤细的木质椅子，带有简洁的线条设计，还提供不同材质和色调的款式。

图片 © Erik Lefvander

苏黎世 | 瑞士再保险股份有限公司 | OCCHIO

它是面临苏黎世湖畔的一个真正的集团总部——瑞士再保险公司的全新总部建筑项目由来自巴塞尔的Diener&Diener建筑事务所设计，严格遵照高水平的建筑准则。此准则具有前瞻性的哲学理念，以可持续性发展为主导，以及从成本效率的角度管理资源。整座建筑的内部采用了Occhio品牌的高能效照明技术解决方案，独特的新一代LED灯符合客户最严格的要求。1500盏Occhio品牌Più piano系列的嵌入式聚光灯配有玻璃镜面，并已直接安装于天花板吊顶，除了被用作筒灯，还有为墙壁提供重点照明。Più系列的"perfect color"（CRI 97）LED灯，将最大能效和最高的照明品质完美结合。

图片 © Johannes Roloff

米兰 | 喜来登黛安娜伟宏酒店 (SHERATON DIANA MAJESTIC) | BAXTER

米兰喜来登黛安娜伟宏酒店最近经过翻新改造，呈现更独具一格和更有时尚感的国际化形象。接待厅、休息室和餐厅充满格调的氛围，让人感受到这个城市活力澎湃的气息。酒店内简洁鲜明的嵌饰亦重覆使用于餐厅的牆壁，而Baxter品牌雅致的家具系列为环境赋予一种优雅和高贵感。室内空间采用黑色、钴蓝色、干邑褐色和芥末黄色，并搭配不同的物料以增强视觉感，比如灯具的黄铜金属和矮桌的树脂和大理石。

圣塞瓦斯蒂安 | ARIMA 酒店 | KETTAL

"Arima"在巴斯克语的意思为精神，这间位于圣塞瓦斯蒂安的酒店便将这个名词体现得淋漓尽致。这间有可持续性精神的Arima酒店，四周被Miramon树林环抱，更获德国"被动式节能"环境标准认证(首家获此认证的西班牙酒店)，它通过使用被动式装置减少室内大部分的基本用电需求，与传统建筑准则相比，能减少70%用电量。整个酒店结构的设计以木材为主要元素，旨在达到隔音功能、温度和湿度平衡和低二氧化碳含量，更提供地热能源解决方案以供应热水。Kettal品牌的室内和室外家具与此建筑哲学非常匹配，比如Jasper Morrison 设计的Kettal Park Life系列、Kettal Net系列、 Triconfort Riba系列和Kettal Studio品牌的Kettal Landscape系列。

巴黎 | ALLÉNOTHÈQUE餐厅 | LIGNE ROSET

它不仅是一个可以品尝高级法国菜的高尚地方，也是一个结合餐厅、酒窖和艺术馆于一体的多元化和优雅场所。Allénothèque餐厅是一个很独特的地方，由星级名厨Yannick Alléno和他的妻子Laurence在巴黎左岸新开设的Beaupassage美食区创立。餐厅内顾客谈话、品尝美食和举办文化活动的地方摆放有Ligne Roset品牌的家具，达到了二人对餐厅设计的高度要求。餐厅底层摆放有Pierre Paulin设计的CM 131弧形餐椅，搭配Ligne Roset Contract 为餐厅特设的餐桌。至于酒窖区则采用Eric Jourdan设计，极具舒适感的 Tadao椅子迎接顾客。

米兰 | 世邦魏理仕(CBRE) | VESCOM

在位于米兰商业广场的世邦魏理仕(CBRE)房地产顾问公司的全新办公室里，会议室和公共空间都呈现出了独一无二的面貌。室内管理项目团队主管Alberto Cominelli在室内设计师Efrem Milia的辅助下负责设计全新的办公空间，他选用了VESCOM全个人化设计的Vescom+Print墙纸作装饰。这个办公室以米兰数个历史文化区为灵感，设有三层，总占地面积为2500平方米，第一和第二层以Navigli区和Brera区为设计题材，而最高一层则对时尚四方街(Quadrilatero della moda)致敬。墙纸图案的清晰度极高，无拼接全彩色印刷，高3.15米，宽30米。从设计理念的开发到现场施工，设计始终追求精致到细节，设计之初就定下目标——获得IWPI的国际健康建筑WELL认证，将建筑使用者的健康列为首要目标。

曼彻斯特 | MANA 餐厅 | PORADA

位于曼彻斯特的安科斯(Ancoats)北区，由厨师Simon Martin开设的Mana餐厅，旨在带来焕然一新的英国菜。拥有丰富厨艺经验的他，曾经与星级厨师René Redzepi和Gordon Ramsay合作。这间餐厅透过室内设计将它所有的优点完美呈现。James Roberts Design室内设计公司特意打造出一个能充满大自然元素的空间，与Martin采用的天然食材制作的菜式非常配合。深色木地板和灰色墙壁，搭配黑色餐桌和M. Marconato和T. Zappa 为Porada品牌设计的 Nissa胡桃木餐椅，不仅呈现独有的风格，更营造出一种与众不同的氛围。

米兰 | 维拉斯加塔楼 | PORRO

它是Domux Home豪华公寓系列之一，为Unipol集团管理的物业，位于维拉斯加塔楼内第19、20和21层的13个公寓经过完整翻新，并精心修复了先前存在的墙壁和地板装饰。这个翻修和室内设计项目由Lissoni Architettura建筑事务所精心策划，并与多个著名的意大利设计品牌合作，为室内空间赋予个人化风格。Porro品牌的家具成为饭厅和客厅的主角，当中包括Ferro大餐桌、Tiller餐具柜、Modern储物组合柜、System书架和墙壁搁架，以及Piero Lissoni设计的Sidewall柱式转动书架、Fractal桌子和餐边桌。

亚洲高端国际设计展

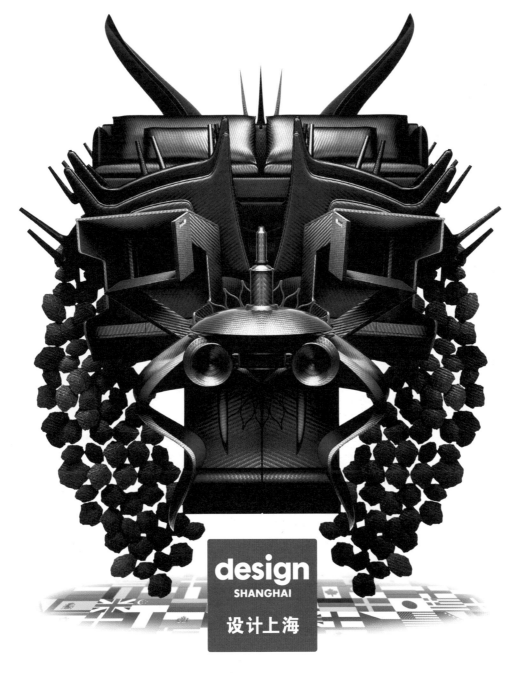

design
SHANGHAI
设计上海

2019 年 3 月 6-9 日
上海展览中心

www.designshanghai.cn

#DesignShanghai

米兰 | 德勤 (DELOITTE)
PHILIPS LIGHTING

提供咨询和审计服务的德勤公司旗下的德勤数码，位于米兰via Tortona路的三层高办公室翻新项目展示了前卫风格。这个新建筑项目由Bombassei建筑事务所设计，采用灵活工作和互动科技概念，并设有弹性工作区，让员工可以按照个别的特殊需要自由选择每天工作的位置。飞利浦照明和连接照明系统更让员工可以经由智能手机的应用程序为自己的工作区设立个人化照明系统。超过250个不同类型和设有集成传感器的LED连接照明设备，皆经由飞利浦Envision Manager照明控制软件操作，能在所有的照明环境中收集、共享和发送信息。建筑内部采用的飞利浦照明技术包括以太网连接照明系统，DALI系统/DYNALITE控制照明集成系统，Smart Balance照明技术和PCK照明灯具与系统。

都灵 | 希尔顿逸林酒店 | PEDRALI

这间希尔顿酒店集团旗下品牌的酒店，反映出都灵市部分的历史往事。这间都灵灵格托希尔顿逸林酒店(DoubleTree by Hilton Turin Lingotto)坐落在菲亚特汽车公司(FIAT)的前汽车制造厂内，该处后来被建筑师Renzo-Piano重建成全新的城市中心点。这个新的建筑项目在赋予更具现代气息的氛围之余，亦保存了原有的建筑结构，酒店内的餐厅也将某些元素改变，并结合暖感和冷感物料，展现出时尚工业风格的氛围。还有Pedrali品牌的家具糅合了金属和丝绒物质以及弧线和直线设计，与占据整个高度的樱桃木饰面形成了鲜明对比。由Marc Sadler设计的Tweet椅子和Jazz扶手椅的高雅格调，搭配相同系列的高脚凳和不锈钢餐桌，共同营造优雅和温馨的氛围。

悉尼和墨尔本 | 澳洲普华永道(PWC)的办公空间 | MUUTO

好像置身于家中的感觉。这是澳洲普华永道(PwC)位于悉尼和墨尔本的全新办公室的主要目标。保险顾问服务和税务网络都力求工作伙伴与顾客之间建立非传统的互动概念，因此宽敞的办公空间和家具元素便是先决的条件。得益于与Futurespace室内设计公司的合作和丹麦Muuto家具品牌的一系列家具产品，使公司得以达致友好交流和共同创造的目标。Muuto家具的设计以达致人体工学的要求为本，让舒适感和美感完美共存。而Futurespace的创作团队则致力于不同的空间配置——设置开放式休息厅鼓励协作和对话，而半私人和私人区域则用于进行问题解决会议或组织会议。

摄影 © 妮可·英格兰（Nicole England）

贝弗利山庄 | BETTE DAVIS 大宅 | VISIONNAIRE

此大宅曾经是好莱坞著名女星贝蒂·戴维斯(Bette Davis)的住所，现在成为了洛杉矶著名发展商的物业，这座大宅在标价4500万美元出售前已进行了彻底的翻新修建工程。该大宅总占地面积超过900平方米，而大宅的户外区设有游泳池、网球场和健身室。来自意大利博洛尼亚的Visionnaire品牌参与了室内设计项目，为大宅的整个室内空间带来了极具独创风格和前所未有的奢华气派。以中性色调为主，并配以金属装饰细节。灯具亦为这个偌大的空间增添高雅的氛围，当你进入时，迎接你的是一款气势磅礴和有30盏灯的Brunilde吊灯，走进其他家居区域便会发现引人注目的bird吊灯和有32盏灯的Brando枝形吊灯。

巴黎 | CAFFÈ BELLUCCI 餐厅 | CALLIGARIS

巴黎全新Caffè Bellucci餐厅的建筑和室内设计项目由摩德纳Mariuccia Bondavalli建筑事务所精心打造，旨在将该座建筑的历史价值发扬光大。该项目重新把前身为乐器店，即Caffè Bellucci餐厅现址，与相邻的最古老和著名的经典音乐演奏厅巴黎夏沃音乐厅(Salle Gaveau)联系起来，并重新呈现原有的黑白色大理石地板。这个连接巴黎夏沃音乐厅和Caffè Bellucci餐厅的建筑设有两层，底层为酒吧，地下层为餐厅。两层的室内设计和家具陈设来自Calligaris Contract室内设计公司，酒吧区选用Siren系列餐椅和高脚凳，而餐厅则选用Igloo环抱型扶手椅，以及Locanda和Cocktail组合式餐桌。除此之外，胡桃木酒吧柜台和地下层餐厅皆选用充满时尚感的大型枝形吊灯和Matteo Cibic 设计的POM POM吊灯。

蒙圭尔福-泰西多 | *ALPEN TESITIN* 酒店 | *KUNDALINI*

位于意大利多洛米蒂山蒙圭尔福-泰西多市的Alpen Tesitin酒店提供感官体验。它的室内设计项目拥有极简和现代风格，选用温暖的物料，主要为木材、丝绸以及触感柔软和充满视觉感的材质，营造出一个庇护所的感觉，同时亦充满舒适感和设计风格。酒店的室内空间在日间阳光充沛，夜色昏暗时采用Kundalini 品牌的Kushi吊灯照明，这款由设计师Alberto Saggia和Valerio Sommella设计的灯具，呈现以大自然为灵感的有机体造型。这个突破传统的设计方案拥有高度创造性，并采用先进的物料加工技术打造出乳白漫射吹制玻璃灯罩，配以有三种颜色可选的金属结构，具备高度功能性，亦成功营造满室明亮的照明效果。

///////////////////

图片 © Wisthaler Harald & Silbersalz

罗斯托夫 | PLATOV机场 | LAMINAM

在俄罗斯罗斯托夫的全新Platov国际机场商务休息室，Vox-Architects建筑事务所的建筑师特意打造了一个可以将机场四周的大自然风光尽收眼底的景观，并精心安排家具陈设的布局以使观景视野不受阻挡，室内物料亦被焕然一新，改用软木和炻瓷制品。精心细选的设计元素，比如沙发、扶手椅、单人坐位、休息区以及饰面物料的做工皆一丝不苟，满足对抵抗性、耐用性、阻燃性和声适感的高度标准。地板物料方面，建筑师选用了高品质的Laminam品牌Calce系列灰色陶瓷板，尺寸为1000毫米×3000毫米，厚度为5.6毫米，而覆盖着卫生间墙壁和门的银色饰面物料则来自Filo系列。

摄影 © 马穆卡·克拉什维利（Mamuka Khelashvili）

米兰 | AMPLIFON集团总部 | MDF ITALIA家具

Amplifon总部位于米兰，由967ARCH室内设计公司设计。这栋大楼建于90年代，建筑面积约8000平方米，容纳约320人。建筑内部使用不均，有些地方过于拥挤，有很多陈旧的隔断、设施和家具。该项目的设计标榜"光+开放+协作+色彩+技术"，目的是传达出属于Amplifon品牌的DNA，包括空间规划、技术应用、平面设计、艺术装饰、形象设计、家具陈设、饰面材料等，一切都与该品牌的形象协调一致。功能性家具由意大利MDF-Italia家具品牌负责定制设计。比如会议室里的LimFausto-3.0桌子（设计师：Bruno Fattorini），外观纤巧，轻盈，结实，简约又充满设计感，同时配备电源接线槽，非常实用。还有休闲区的Aiku椅子，以及娱乐区咖啡吧台边的高脚凳（Flow Stool），都是法国设计师让-马利·马索（Jean-Marie Massaud）的设计。还有Neuland-Industriedesign公司设计的InMotion组合柜，一款高度灵活的模块化组合家具，也非常适合这类办公环境。

摄影 © 法奥斯托·马扎（Fausto Mazza）

圣塞瓦斯蒂安 | ORONAIDEO创新城 | ARPER

以创新科技为本的Orona IDeO创新城位于西班牙圣塞巴斯蒂安，由Eneko Goikoetxea和Xabier Barrutieta联合设计，这个综合建筑大楼项目占地面积达40,000平方米。作为欧洲首个创新科研中心，这个建筑项目需要1.6亿欧元的高昂成本，目标不仅要为建筑物的可持续性和生态能源效益研发新技术，也要提升都市发展项目和建筑项目的质量，以及提高景观的环境价值。创新城的内部空间，以及公司、大学和实验室之间的协作活动，皆由Arper家具品牌悉心安排，精心打造出不同领域所需的工作环境。大楼内的休闲场所设有多个宽敞和封闭的会议室，适合非正式会议和个人工作，该处摆放有Jean-Marie Massaud设计的Aston椅子和Sean沙发，Lievore Altherr Molina创作的Catifa 46椅子和Palm椅子、Dizzie矮桌和 Loop沙发，以及岩崎一郎设计的Pix垫脚软凳。

摄影 © Jon Atxutegi

REAL ESTATE DESIGN FORUM

SHENZHEN | 13-14 JUNE

The first italian event dedicated to Real Estate in China.

A one-stop networking gathering with Chinese developers.

An opportunity for direct access to the contract sector.

#GetINContract

For enquiries: Valeria Sotera
valeria.sotera@federlegnoarredo.it
www.realestatedesignforum.it

HOSTYS CONNECT

BARCELONA
SPAIN
24 - 26 NOVEMBER
2019

THE PROFESSIONAL NETWORKING EVENT FOR LUXURY HOSPITALITY AND HIGH END RESIDENTIAL PROJECTS

FACE TO FACE BUSINESS MEETINGS

www.hostysconnect.fr

Registration subject to a selection process

设计灵感
Design
Inspirations

方形沙发 | 高根 | 意大利MINOTTI家具

巴西建筑大师马尔西奥·高根（Marcio Kogan）以游艇中用来促进水流流出的柚木板为灵感，开发了这款"方形沙发"（Quadrado）。这是一款组合沙发，由悬浮式方形面板组成，轻盈、灵活，适用于室外空间。流行于日本20世纪五六十年代的新陈代谢派建筑，以模块化的形式来定义建筑，启发了高根方形沙发的设计概念。它是一种理想的组合沙发，用于大型露天空间，甚至是超大型空间，人可以沉浸在自然中，放松身心。

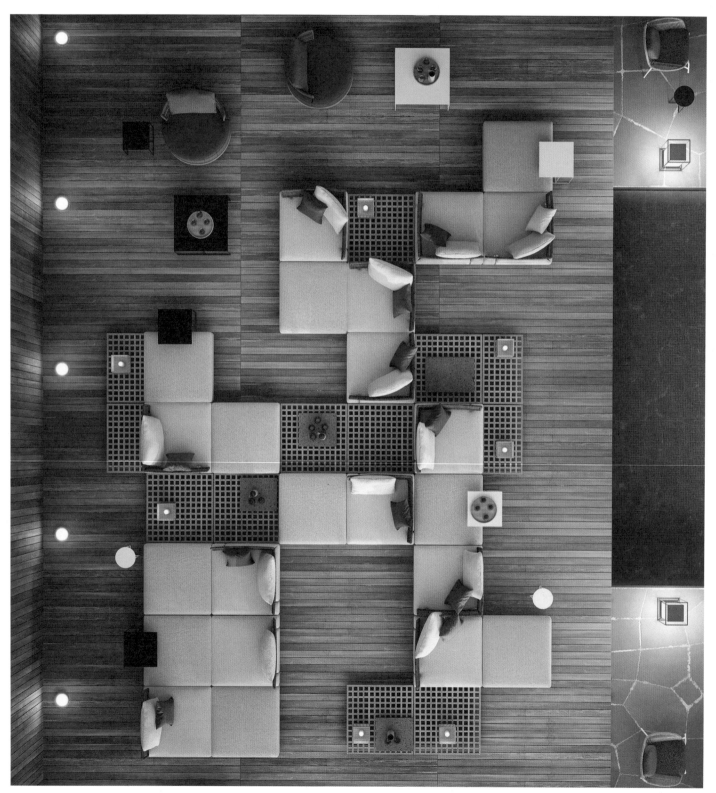

"皮肤"桌 | 阿西比斯 | 意大利DESALTO家具

意大利设计师马可·阿西比斯（Marco Acerbis）设计的这款方桌名为"皮肤"（Skin），大尺寸，制造上凭借大胆的技术创新得以实现。两款可选，一款是固定长度，一款可加长。整体结构采用铝质框架，顶面使用钢化玻璃或陶瓷，6毫米厚。加长款的折叠部分与整体桌面材料相同。

光辉系列 | 吉尔+布瓦西耶 | 巴卡拉奢华家居

巴卡拉家居系列（Baccarat La Maison）中的光辉系列（Eclat）诠释了对奢华家居的新见解。由来自巴黎的室内设计师夫妇吉尔+布瓦西耶（Gilles & Boissier）设计，室内设计中新颖、现代、前卫、高雅的设计理念充分体现在光辉系列的家具中。不同厚度的纽约风格水晶瓷砖，将光线折射创造的魔力赋予最迷人的家居环境。精致、优雅的扶手椅和厚圆椅垫的搭配体现了材料、装饰与细节的完美结合。

木框创意灯具 | 日本NENDO设计工作室 | 意大利FLOS灯具

这款创意灯具名为"Gaku"（日语里是"木框"的意思）。木框与灯以及搭配的各种装饰品形成有趣的互动。框内悬垂的吊灯可以调节高度。还有一款没有悬垂线，具有感应充电功能，为发光灯供电。灯平时放在充电器底座上，别处需要照明时，可以自由移动。

小长颈鹿扶手椅 | 雅各布森 | 丹麦FRITZ HANSEN家具

关于这款小长颈鹿扶手椅（Little Giraffe™）的故事，应该是从2018年正式开始，因为从这一年起这个设计作品才正式投入生产。最初的小长颈鹿扶手椅是丹麦设计师安恩·雅各布森（Arne Jacobsen）为哥本哈根SAS皇家酒店的餐厅设计的。"长颈鹿"的名字是源于其椅背很高。我们现在看到的这版椅背较低，有四条腿。有两款可选，一款椅垫可拆下，另一款是固定的。

小溪系列 | 马索 | 意大利POLIFORM家具

法国设计师让-马利·马索（Jean-Marie Massaud）设计的小溪系列（Creek），包含茶几和配套家具。茶几由上下两个平行台面组成，台面材料使用木材、石材或漆面材料，置于上漆金属框架上。每个台面的颜色和饰面材料可以根据自身品位进行组合，蕴含了设计师对朴素建筑风格的丰富表达。

"比基尼岛" | 艾斯林格 | 意大利MOROSO家具

"比基尼岛"组装家具（Bikini Island）是它所代表的时代和社会的产物，出自德国著名设计师沃纳·艾斯林格（Werner Aisslinger）之手。家具的组件在外观和功能上各不相同，因此，通常情况下，可以在任何环境中使用。凳子、桌子、衣架、箱子、架子、隔墙、工作台面、座椅，等等，各种组件组合在一起，为互动和交流创造条件。

索拉纳斯户外家具系列 | 赫尔马尼 | GANDIABLASCO家具

索拉纳斯（Solanas）是一个户外家具系列，设计来自阿根廷设计师丹尼尔·赫尔马尼（Daniel Germani），其特点是造型简单、舒适，耐紫外线，不易留刮痕，不易沾污。这是一系列组合家具，适用于任何环境。铝结构有多种颜色可选，如灰色、蓝色、绿色、橙色等。饰面采用帝通石Cosentino系列（Dekton® by Cosentino），比如帝通石纯色系列，纯色和真彩色搭配精致的纹理；帝通石自然系列，重现大自然最美的质感；以及帝通石工业系列等。

SUAVE系列 | 万德斯 | 西班牙VONDOM家具

荷兰设计师马塞尔·万德斯（Marcel Wanders）作品。该系列包括模块化软垫沙发、舒适的厚圆椅垫、茶几和台灯。该公司历史上的第一个组合系列，结合了新的材料、纹理和织物，融合了室内和室外家具之间的界限，实现了更高的柔软度、舒适度和放松度。搭配一套装饰花盆，效果更佳。

OFFICINA系列 | 布鲁莱克兄弟 | 意大利MAGIS家具

Officina系列，法国布鲁莱克兄弟（Ronan and Erwan Bouroullec）的设计作品，包括扶手椅和箱式凳。枕式靠垫与焊接的铁杆框架形成了有趣的视觉对比，刚柔并济。锻铁结构有手工锻造的轻微缺陷，有镀锌和黑色涂漆两款可选。靠垫材料使用各种奢华织物。

"终极幸福"地毯 | 恩格勒 | 意大利CC-TAPIS品牌地毯

意大利地毯品牌CC-Tapis的"幸福"系列（Bliss）推出新品。这款"终极幸福"（Ultimate Bliss）由荷兰阿姆斯特丹的女性设计师梅·恩格勒（Mae Engelgeer）设计，突出三维效果和立体感——这也是这个系列的整体特色。图案繁复，极具质感。圆弧的造型搭配巧妙的配色。材料采用喜马拉雅羊毛和真丝，有各种绒头高度可选。

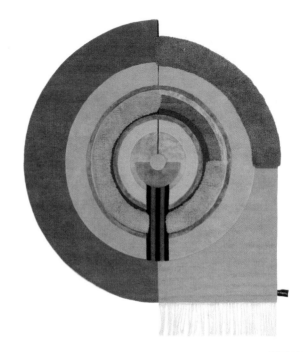

时代沙发 | 金科塞斯 | 家居系列

这款时代沙发（Era Sofa）是西班牙设计师大卫·洛佩兹·金科塞斯（David Lopez Quincoces）的最新作品。非常适合小型会议室使用，让人非常放松。时代沙发拥有梦幻般的结构：四条纤细的沙发腿像魔术一样支撑着上面宽大柔软的软垫部分，显示了设计师对重量与尺寸的大胆结合的熟练把握。

TODO MODO沙发 | 威尔莫特 | 传音TECNO手机

1993年法国建筑师让-米歇尔·威尔莫特（Jean-Michel Wilmotte）为卢浮宫设计的座椅的现代版——设计初衷是让人坐在沙发上可以观看周围各个方向的艺术品。Todo Modo沙发现在是等候室、接待区、办公室等环境的上佳选择。

皇冠扶手椅 | 维甘诺工作室 | 意大利NUBE家具

皇冠扶手椅（Tiara），设计出自意大利米兰的维甘诺工作室（Studio Viganò）。弧形木制框架搭配聚氨酯塑形泡沫。底部烤漆铝件有下列颜色可选：银、黑、白、黑镍、赤褐。顶部不可拆卸。

墨水组合灯具 | 意大利丽耐莱特灯具

意大利丽耐莱特灯具（Linea Light）推出的墨水组合灯具（Ink System），由多个多功能照明灯具组成，通过相同的概念组合在一起。其中的加长版，纤细的弹力缆索中配有高性能LED灯带，同时缆索也是一个接线导体，上面可以接不同的设备，比如漫光灯或者眩光值（UGR）小于19的灯、可调聚光灯、吊灯等。该系列包括应用于墙壁和天花板的线性灯，还有模块化灯带，接头和两端有各种设计，可以布置导线电缆，把电缆变为优雅的图形。

三腿圆桌 | 赫克纳 | 意大利ZANOTTA家具

德国设计师塞巴斯蒂安·赫克纳（Sebastian Herkner）的三腿小圆桌（Echino），有两种尺寸可选，可以并排摆放。三根圆柱形桌腿，由三层吹制玻璃制成，有四种颜色：烟灰色、浅蓝色、琥珀色、蓝色，与钢板桌面接合。桌面采用自然色或黑镍色涂层，或者是镜面桌面。

带垫子的休闲椅 | 本特森 | 丹麦MUUTO家具

丹麦设计师托马斯·本特森（Thomas Bentzen）为Muuto设计的这款带垫子的休闲椅（Cover Lounge Chair），主打原型设计和北欧传统风格。坚固的橡木框架，宽大弯曲的靠背延伸到扶手上，看着就非常舒适，让人想坐上去，同时又不占用太多空间。多种颜色可选，配有织物或皮革椅垫，可根据家居或任何特定空间的情况进行定制。

时尚浴室隔板 | INDA设计工作室 | INDA

Inda设计工作室经过深入的美学研究，探索了许多不同的风格和灵感，推出了这款时尚浴室隔板。滑动门注重细节，有各种玻璃饰面可选，种类繁多，极尽个性化，诠释了浴室家装的完美解决方案。

贝格尔椅 | 里特维尔德 | 意大利卡西纳家具

为《纽约客》杂志绘制封面而闻名的荷兰插画师乔斯特·斯沃特（Joost Swarte）为卡西纳家具（Cassina）推出的贝格尔椅（Beugel）贡献了图案设计，以此向设计师里特维尔德（Gerrit T. Rietveld）致敬。这把椅子由三个部分组成，两个完全相同的环形钢框架支撑着定制的层压木椅面。斯沃特设计的椅面图案，借鉴了里特维尔德的"笛卡尔结"，后者标志性的作品"红蓝椅"（Red and Blue）就应用了这一设计。限量版，有珍珠白、蓝色和芥末色三种颜色可选，每种限量200，共600把。

蓝系列 | 如恩设计 | 西班牙GAN纺织

西班牙纺织品牌GAN新推出的蓝系列（LAN），很容易看出设计灵感来自亚洲。蓝系列标志着GAN在定制设计的方向上迈出了一步。这个系列中的不同元素可以任意组合，比如带或不带靠背的模块化座椅、坐垫、茶几、可移动屏风等。纹理、图案和靛蓝色结合在一起，蓝系列的名字LAN就来自中文的"蓝"字。

© Denis Vasiliev

LIGHTBEN 亚克力发光蜂窝板
星光系列 | 西班牙BENCORE照明

莫斯科的卡拉瓦维兄弟咖啡厅（Karavaevi Brothers），柜台与坐席之间的定制隔墙设计采用星光透明板（Starlight Clear Transparent；RGB LED背光照明）和黑色LightBen亚克力发光蜂窝板（LIGHTBEN Kaos 3D Black™；镜面版）。这款亚克力发光蜂窝板是LightBen™面板的最新款，其核心为三种不同直径的黑色圆柱形聚碳酸酯蜂窝结构，外表面采用PMMA材料（亚克力）。"星光"（Starlight™）是一种复合面板，内部是半透明的聚碳酸酯大蜂窝结构（已申请专利），外层是亚克力材料。

"反射"浴缸｜AL设计工作室｜意大利ANTONIOLUPI卫浴

"反射"（Reflex）是AL设计工作室（AL Studio）为意大利卫浴品牌Antoniolupi打造的一款浴缸，是第一个采用新型有色透明树脂材料（Cristalmood）制成的浴缸。特点是造型简洁，九种颜色可选，清新高雅，充满生机。

"秋千"系列 | 诺桂 | 意大利ETHIMO家具

法国设计师帕特里克·诺桂（Patrick Norguet）的新作品，两件与秋千系列完美契合的新品：一把小扶手椅和一把柚木高脚凳。扶手椅较窄，与秋千系列的躺椅相得益彰，适合各类休闲区：花园、海边、乡村甚至室内休闲区。与扶手椅一样，高脚凳也与秋千系列使用相同的色调，非常适合私人住宅以及酒店或餐馆。

瑞丽沙发 | 丹麦GAMFRATESI工作室 | 德国DEDON户外家具

这款名为"瑞丽"（Rilly）的坐卧两用沙发，可以放置在户外任何地方，就像一个舒适的小岛，让人尽情享受周围的环境。造型亲切，特点是有一个固定的篷顶，把人遮在下面，享受阴凉的舒适。编织材料与黑色亚光铝材相结合，整体给人的感觉是既轻盈，又坚固。

VOSTRA木质扶手椅 | WALTER KNOLL设计团队 | 德国WALTER KNOLL 家具

自1949年以来，Vostra一直是现代生活的代名词。这款椅子最初是用钢管腿支撑的，20世纪50年代后，有了木腿的改良版本，看起来更柔和。清新、现代、精致的纽扣装饰，是50年代设计中不可抹去的精致一笔。

体型椅 | 莫根森 | 丹麦CARL HANSEN & SON家具

丹麦设计巨匠布吉·莫根森（Børge Mogensen）的作品，体型椅（Contour Chair），最早在1949年哥本哈根家具行业协会家具展上展出。这是一款躺椅，实木框架，椅子腿有一定角度的倾斜，椅面采用胶合板，略微向后倾斜。靠背是这把椅子造型上最大的特点，采用轻薄的一体成型胶合板，有两处有机造型的镂空，让椅背能够安全地固定在椅面上。

SVEVA扶手椅 | 哥伦布 | 意大利FLEXFORM家具

意大利知名设计师卡罗·哥伦布（Carlo Colombo）的作品。这把扶手椅精致而舒适，框架采用坚固的聚氨酯结构，外包黑色鞍具皮革（SaddleHyde），椅垫和靠垫填充柔软的鹅绒。铸铝旋转底座有两款可选，分别是四个和五个辐条。支撑底座的饰面有多款可选：缎面、镀铬、抛光、黑色镀铬、香槟色金属。这把扶手椅可以和同名箱式凳搭配使用。

HUB系列 | 布拉蒂兄弟 | 意大利PORRO家具

HUB储物系列，意大利设计师布拉蒂兄弟（Gabriele and Oscar Buratti）的作品。用于夜间区域，有多种类型，包括小床头柜、长床头柜和组合抽屉等，款式多样。组合抽屉的特点是木材与其他材料相结合，以满足卧室、更衣室或奢侈品店在家具功能和外观上的需求。

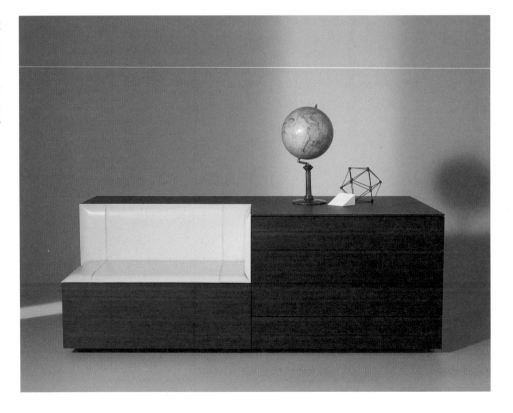

羽毛时尚灯具 | 皮耶 | 意大利OLUCE 灯具

"羽毛"（Plume）是法国设计师克里斯托弗·皮耶（Christophe Pillet）设计的一套时尚灯具，包括一款地灯和两款壁灯，其中一款支撑臂较长，另一款较短。这里的这一款，设计概念起源于皮耶为圣特罗佩的赛兹酒店（Sezz Hotel）设计的一个系列，源自意大利Oluce 灯具的定制，更侧重装饰性。

固体椅 | 杜扬 | 比利时MANUTTI家具

法国设计师莱昂内尔·杜扬（Lionel Doyen）设计的这款扶手椅名为"固体"（Solid）。纯色柚木制成，以经久耐用而闻名。简练的线条充分表现了精心制作的全木家具的美感与力量。靠背与椅子腿和扶手一体式连接，坚固稳定。长绒棉椅垫妥帖舒适，完美贴合身体。

火烈鸟创意照明 | 皮安塔 | 意大利NAHOOR灯具

"火烈鸟"（Flamingo）是意大利设计师威廉姆·皮安塔（William Pianta）为意大利知名灯具品牌Nahoor专门设计的一组照明灯具。火烈鸟系列的设计灵感就来自火烈鸟这种动物。迷人而优雅的苗条身材，成为室内的最小光源。

1906复古系列 | 朗德万斯照明

朗德万斯（Ledvance）的1906复古系列，为古老的灯具重新注入生机。高雅的设计与高效的LED照明技术相结合。几款经典的造型，包括球形灯、爱迪生灯、椭圆灯和管状灯，让光线以最美丽的方式散发光芒。气泡玻璃系列（Bubble Glass）采用球形彩色玻璃和不锈钢主体结构。吊灯有橙色和烟熏色，台灯有烟熏色、橙色、粉色和绿色。

LINESCAPES线性灯具 | NEMO工作室 | NEMO照明

Linescapes组合照明系统，彻底改变了高性能漫射光的直接和间接照明方式。不同的部件相互组合，形成连续的线条，发光效率高，漫射效果好，光线通过乳白色的聚碳酸酯漫射体散射出去。

现代系列 | 意大利WALL&DECÒ壁纸

Wall&decò2019年现代系列壁纸超越了任何文化和风格的限制。现代系列构成了一个充斥着不同灵感和设计语言的世界，从极简主义到全球本土化，每一种都有自己的故事。一款名为"逐渐混乱"（Progressive Anarchy），用单色将原始的几何图形与大胆的笔触相结合。一款名为"亲密层次"（Intimate Layering），创新地在垂直表面上创造了三维效果。另一款名为"全球土著"（Global Natives），主题是地球村里的手艺人。

REVA户外系列 | 茹安 | 意大利PEDRALI家具

法国巴黎设计大师帕特里克·茹安（Patrick Jouin）作品。REVA户外系列包含一张三座沙发、一张躺椅和一个可转换成沙发的日光躺椅。线条流畅，尺度大方，给人一种放松的、梦幻般的感觉。四条锥形支撑腿，支撑着轻盈的铝质框架，凸显了设计的简洁。日光躺椅靠背可倾斜，可以立起来，寻找最舒适的位置。安上两个软垫扶手和一个靠背，躺椅就变成了沙发。

"全景"壁纸 | 法国ÉLITIS壁纸

"全景"（Panoramiques）系列壁纸，72种可选。就像古时候的壁画一样，这些壁纸的设计也能让整面墙焕发生机。壁纸图案的设计本质是创意，采用Élitis旗下艺术家的原创绘画，大胆结合乙烯基压花和创新数码印刷技术。质感独特，从矿物到金属，在壁纸行业里可以说独一无二。两种标准尺寸：3米×2米，8米×4米，或者也可以定制尺寸。

IFDM
室内家具设计

业内信息 Business Concierge

这里是我们为建筑工作室、室内设计师、工程承包商、家具设计师、买家、生产商等提供的一项创新服务。

凭借在酒店室内装饰装修领域的多年经验，我们与全球业内人士建立了广泛的联系，占领了战略性的市场地位。面向渴望涉足这个领域，希望获取更多合作机会的专业人士，我们将为您提供最珍贵的业内信息。

我们提供的服务包括：目标市场识别、咨询、会议组织、B2B提案（企业对企业的电子商务），我们的目的是为各方实现商业互利的目标。

concierge@ifdm.it | ph. +39 0362 551455

即将推出项目
Next

130 WILLIAM | 纽约 | DAVID ADJAYE ASSOCIATES和HILL WEST ARCHITECTS

这座极具独创性风格的建筑物设有66层，由Lightstone房地产公司兴建，将于2019年在曼哈顿下城正式揭幕。这座住宅大楼以纽约市的古老石造建筑和由拱形窗子排列而成的外墙为灵感，提供有奢华室内设计的244个私人住宅、2000平方米商业空间和全新的公共公园。大楼设有面积不一的公寓，包括顶层豪华公寓和楼顶豪华公寓，并通过精心雕琢的大理石、在世界各地严选的珍贵物料、富多层感的白色橡木地板和抛光黄铜饰面，充分彰显其独特性。环绕在高尚的生活视觉之中，大楼的便利设施包括健身中心、温水和冷水游泳池、篮球场、IMAX私人电影院、设有厨师的宴会厅、迷人的阳台和风景如画的楼顶，极致体现了奢华生活的完美典范。

效果图: © Binyan

南京｜证大喜玛拉雅中心｜MAD建筑事务所

南京证大喜玛拉雅中心是一个多功能综合开发项目，总面积56万平方米，包括商业、酒店、办公和住宅。整个规划以一种"村落"的形式展开，试图恢复人与自然之间的和谐关系。规划中包含一系列融入绿化环境中的公共空间，让居民沉浸在大自然中，同时又能实现现代生活的便利。低层建筑由人行天桥连接，融于景观之中。蜿蜒上升的走廊和高架通道在商业建筑中穿梭。项目用地旁边高楼如山峦般林立，白色的曲线形玻璃百叶窗仿佛"流动"的瀑布，象征了南京周围高耸的山脉和蜿蜒的河流。南京证大喜马拉雅中心目前处于建设的第三个也是最后一个阶段，预计于2020年竣工。

效果图：© CreatAR Images, MAD Architects

上海 | 上海图书馆东馆 | SHL建筑师事务所

丹麦SHL建筑师事务所（Schmidt Hammer Lassen）设计的一座新的市级图书馆日前已破土动工。此前SHL在该图书馆分两阶段的国际设计竞赛中获胜。上海图书馆东馆位于浦东区，紧邻世纪公园——上海规模最大的绿化公园，面积超过40公顷。图书馆建筑面积11.5万平方米，预计2020年竣工。建筑师表示："根据我们的设想，整座图书馆是一个整体的、独立的结构，飘浮于公园的树冠层之上。"图书馆的主体部分位于两个底层结构之上，底层结构是公共活动空间，包含剧场（1200座）、展览和活动空间以及一个专门的儿童图书馆，所有空间都面向一系列绿化庭院和花园，视野开敞。

效果图: © Schmidt Hammer Lassen Architects/Beauty & the Bit

巴林湾 | 银河湾住宅 | 罗伯特·卡沃利集团

银河湾住宅(Waterbay Residence)坐落在知名的巴林湾四季酒店对面,从这里可以俯瞰大道商场(The Avenues Mall),遥望巴林首都麦纳麦的天际线。宾法奇房地产投资公司(Bin Faqeeh Real Estate Investment Company S.P.C.)与意大利奢华时尚品牌罗伯特·卡沃利(Roberto Cavalli)签署了合作协议,后者负责东楼的室内设计。设计延续了"卡沃利家居"(RC Home)的品牌DNA,室内主打异域风情的平面设计和野生动物的主题,充满活力与现代感。室内空间奢华大气,富丽堂皇,精雕细琢,丛林风格的墙纸、模块化的书柜、结合了皮革与珍贵织物的沙发、豪华的躺椅和灯具、咖啡桌、梳妆台……所有这些都用金属元素装饰。项目目标交付日期定为2019年第4季度。

迈阿密 ｜ "布里克尔熨斗"
雷韦尔塔 + 尤萨·基尼

"布里克尔熨斗"（Brickell Flatiron）是一栋高层住宅楼，位于迈阿密南大街1001号，迈阿密唯一的"熨斗公园"里。大楼高64层，外立面以玻璃为主，所在地是迈阿密市中心金融区的中心位置。楼内有548个住宅单元（各种规模，卧室1到5间不等），以及数量有限的顶层公寓和复式公寓。建筑设计由路易斯·雷韦尔塔（Luis Revuelta）操刀，马西莫·尤萨·基尼（Massimo Iosa Ghini）负责室内设计。基尼的设计融合了流线型的建筑造型、家具、大胆的材质以及充满活力的公共空间和艺术。大堂里有美国知名画家朱利安·施纳贝尔（Julian Schnabel）专门为这栋大楼创作的大型绘画作品。楼内配备全方位的休闲服务设施，屋顶的泳池、水疗与健身中心为住户提供了比斯坎湾和迈阿密市中心360°无障碍全景视野。

斯德哥尔摩 | 斯卢森码头 | 福斯特及合伙人建筑设计事务所

斯卢森码头（Slussen）建于1642年，是把海洋与梅拉伦湖（Lake Mälaren）的淡水分开的一道闸门。英国福斯特及合伙人建筑设计事务所（Foster + Partners）的设计旨在创建一个充满活力的城市空间，呼应其历史背景，将市中心彻底改造。这里将有最先进的交通模式和新建的重要公共建筑，一系列新的餐厅、咖啡馆和文化场馆将带动这个地区的活力。以步行为主导的"水上广场"和面向公众开放的码头将成为这里的特色区。一条新建的道路和人行天桥，将一系列多功能建筑连接在一起。建成后，游客从滨水台地上可以俯瞰斯德哥尔摩的壮观景色。

效果图：© Foster + Partners

纽约 | 麦迪逊大道760号 | 阿玛尼+ SL格林不动产+ COOKFOX

阿玛尼集团联手纽约SL格林不动产（SL Green），将对纽约麦迪逊大道760号一座9.7万平方英尺（约9000平方米）的房产进行全面改造。改造后，这里将是阿玛尼的新旗舰店，包含精品零售店以及19套奢华公寓。阿玛尼将负责公寓的室内装饰，纽约建筑公司COOKFOX负责建筑设计，让新的设计体现出纽约上东区历史街区的地域性以及阿玛尼品牌的演变。拟建项目旨在与麦迪逊大道上全球知名的街景相协调，同时反映该地区的历史。建筑将使用天然石材，包括砖和石灰石，有助于既有街区环境的建变和平衡。退台式设计和户外平台则有助于打破建筑的单调体块，营造多样化的建筑外观，同时与中央公园形成视觉上的衔接。设计团队中还包括纽约顶级历史建筑保护咨询公司Higgins, Quasebarth and Partners，以及规划咨询公司Greenberg Traurig，确保建筑设计的各个方面都适合历史街区。预计2020年开工，2023年竣工。

中国的酒店建筑项目领先国际

这个亚洲大国的高级酒店建筑业市场正在迅速发展，增长率达30%，呈现一片繁荣兴旺的景象，吸引规模庞大的连锁式酒店集团积极投资。中国的高级酒店建筑业市场亦成为了国际焦点，迅速与领先的美国市场拉近距离。目前正在施工的酒店建筑项目有1,112个，与2018年初相比录得36%增长。这个激增的市场在中国各个主要城市皆有相当平均的发展。新酒店急剧增加的城市主要位于成都(44)、杭州(35)和重庆(34)，它们仅次于上海。上海录得51个酒店建筑项目，数量有轻微下降。最多新酒店建筑项目的省分为广东省(117)、浙江省(102)、江苏省(89)、四川(70)、海南(61)和山东省(49)，当中包括城市如上海(51)和北京(27)，以及重庆的特别行政区。正在兴建的五间最宏伟的酒店总共提供5,629间客房，与西方的大型酒店提供的18,778间客房相比，可以看到亚洲地区大部分的高级酒店在建筑规模上仍然远远不及国际领先的美国市场。其中提供1,500间客房的最大型高级酒店将于澳门开业，接着是一间设于香港，提供1,228间客房的酒店，以及一间在上海设有1,000间客房的酒店。这些数字也意味着酒店建筑项目的分布相当平均，不像西方国家或中东国家集中在少数大城市兴建酒店。全球五大连锁式酒店集团的旗下酒店皆遍布全中国，继美国市场后，中国便是万豪国际集团、希尔顿酒店集团、洲际酒店集团、凯悦酒店集团和国际领先的雅高酒店集团最重要的市场。所有连锁式酒店集团在中国兴建酒店的数量大幅增加，代表着这个亚洲大国更进一步接近美国市场的领先地位。

顶级酒店

Marriott International

已建项目: 2,169

重点国家项目:

美国: 890 - 中国: 333 - 印度: 81
阿联酋: 45 - 墨西哥: 44

Hilton Worldwide

已建项目: 1,542

重点国家项目:

美国: 723 - 中国: 156 - 英国: 61
俄罗斯: 45 - 土耳其: 39

InterContinental Hotels Group

已建项目: 844

重点国家项目:

美国: 230 - 中国: 116 - 德国: 73
英国: 48 - 印度: 20

AccorHotels

已建项目: 594

重点国家项目:

中国: 63 - 德国: 56 - 俄罗斯: 50
沙特阿拉伯: 40 - 阿联酋: 23

Hyatt Hotels Corporation

已建项目: 434

重点国家项目:

美国: 157 - 中国: 63 - 印度: 20
墨西哥: 9 - 沙特阿拉伯: 8

信息来源:
TopHotelProjects.com

正在进行的顶级酒店建筑项目

NEW 1,112 IN CHINA

位项目阶段	位于顶级城市的建筑项目	位于顶级省份的建筑项目
构思 3	上海 51	广东 117
前期规划 86	成都 44	浙江 102
规划中 221	杭州 35	江苏 89
建设中 707	重庆 34	四川 70
开业前筹备 59	三亚 28	海南 61
已开业 36	北京 27	山东 49
	郑州 25	河南 41
位项目阶段	武汉 24	台湾 38
2019-2020 654	苏州 23	福建 38
	南京 22	云南 37

在中国的3个顶级建筑项目

WILKINSON LLC	**WIEGAND, BODE AND HILLS**	**WINTASTAR**
澳门	香港	上海
星级: 5	星级: 5	星级: 5
项目阶段: 建设中	项目阶段: 规划中	项目阶段: 规划中
房间: 1,500	房间: 1,229	房间: 1,000